U0633105

PHP Web

开发实用教程

曾俊国 罗刚 王飞 ◎ 编著

清华大学出版社

北京

内 容 简 介

本书针对 PHP 初学者设计，通过通俗易懂的语言和大量生动、典型的实例，由浅入深、循序渐进地介绍了利用 PHP 进行网络编程的常用技术和方法。全书共分为 12 章，第 1～5 章主要介绍了 PHP 环境的安装、配置及 PHP 语言基础知识，第 6、7 章主要介绍了 MySQL 数据库的安装使用以及 PHP 与 MySQL 的联合开发，第 8～12 章主要介绍了 PHP 的高级编程应用，以及综合实例和实验指导，以充分满足课堂教学需要。

本书内容完整、实用性强，可作为应用型本科院校、高职高专院校计算机类专业和信息管理类专业的教材，也可作为 PHP 培训班的教材，更可作为 PHP 爱好者和动态网站开发维护人员的学习参考书。

本书封面贴有清华大学出版社防伪标签，无标签者不得销售。

版权所有，侵权必究。侵权举报电话：010-62782989　13701121933

图书在版编目（CIP）数据

PHP Web 开发实用教程/曾俊国等编著．—北京：清华大学出版社，2011.9（2017.8 重印）

ISBN 978-7-302-26429-3

Ⅰ．①P…　Ⅱ．①曾…　Ⅲ．①PHP 语言-程序设计　Ⅳ．①TP312

中国版本图书馆 CIP 数据核字（2011）第 162949 号

责任编辑：贾小红
封面设计：刘　超
版式设计：文森时代
责任校对：柴　燕
责任印制：刘祎淼

出版发行：清华大学出版社
网　　址：http://www.tup.com.cn，http://www.wqbook.com
地　　址：北京清华大学学研大厦 A 座　　　邮　编：100084
社 总 机：010-62770175　　　　　　　　　邮　购：010-62786544
投稿与读者服务：010-62776969，c-service@tup.tsinghua.edu.cn
质 量 反 馈：010-62772015，zhiliang@tup.tsinghua.edu.cn
印 装 者：三河市君旺印务有限公司
经　　销：全国新华书店
开　　本：185mm×260mm　　　印　张：17.75　　　字　数：410 千字
版　　次：2011 年 9 月第 1 版　　　　　　　印　次：2017 年 8 月第 7 次印刷
印　　数：14001～16000
定　　价：32.00 元

产品编号：037116-01

前　言

PHP 自诞生之日起，由于其开源性，注定了它有很强的生命力。目前，它已经成为最流行的 Web 程序开发语言之一。在国内，PHP 在很短的时间内得到了飞速发展，几乎所有的虚拟主机和绝大多数的服务器都提供了 PHP 支持。PHP 作为一门功能强大的 Web 编程语言，以其简单易学、安全可靠和跨平台等优点受到广大 Web 开发人员的喜爱，成为越来越多程序员的首选编程语言。

本书特点

在编写本书前，编者仔细梳理了 PHP 各相关知识模块之间的逻辑关系。在内容编排上严格遵循 PHP 各知识点的基础与上层的关系，步步为营、层层递进，务求使读者能快速掌握 PHP 综合编程能力。本书中的每个知识点都是先以简短的篇幅介绍其中最基本、最常用的内容，然后通过精心设计的一些典型案例，介绍程序设计的基本方法，避免了常见程序设计类图书的枯燥和空洞，使读者在不知不觉之中就学会了如何利用 PHP 实现 Web 编程。

概括来讲，本书具有如下特点：

- 取材广泛，注重实际应用。本书所有案例都是作者从日常教学和生活中遴选出来的典型案例，具有很强的代表性，实际应用性强。
- 案例完整，结构清晰。本书中的大小案例有数百个，各案例力求功能齐全，其代码实现由浅入深、循序渐进。
- 讲解通俗，步骤详细。每个案例的开发步骤都以通俗易懂的语言进行阐述，并穿插了大量的图片和表格。
- 代码准确，注释清晰。本书所有案例的代码都有详尽的注释，以便于读者理解核心代码的功能和逻辑意义。
- 配套资料齐全，网上免费下载。本书所有案例的代码、经笔者精心收集的相关软件及学习资源都可通过清华大学出版社网站下载，以方便读者学习。

组织结构

本书详细介绍了在 Windows 环境下利用 PHP 进行 Web 编程的基本方法，包括 PHP 程序运行环境的配置、PHP 基本语法、PHP 系统内置函数与用户自定义函数、在 PHP 程序中对文件和目录的操作、MySQL 数据库的安装与应用、PHP 与 MySQL 结合进行数据库编程、正则表达式的概念与应用、面向对象编程技术和在 Dreamweaver CS4 环境中实现 PHP 编程等。本书大部分章节后面都附有丰富的练习题和上机实战，有助于读者复习、巩固所学知识，培养读者的实际编程能力。

此外，为满足教学的实际需要，本书在第 12 章还给出了 PHP+MySQL+Apache 项目开发环境的简易配置方法以及成绩管理系统和用户管理系统的设计与实现两个实验指导。书中所有实例程序代码都已调试通过，且运行无误。

本书适用于高等学校计算机类和信息管理类专业的 Web 编程技术课程及相似课程的教学，建议安排课时总量为 64 课时，其中理论教学课时为 40，实验课时为 24。

读者对象

- 应用型本科院校相关专业学生
- 高职高专院校相关专业学生
- 计算机培训教师和学员
- Web 编程爱好者和相关技术人员

编者与致谢

本书由曾俊国、罗刚、王飞等编著，李骏、庞小琪参编。曾俊国负责全书内容与结构的规划、统稿，并编写了第 1 章、第 3 章、第 4 章、第 5 章、第 7 章、第 8 章和第 12 章；罗刚编写了第 2 章、第 6 章；王飞编写了第 10 章；李骏编写了第 9 章；庞小琪编写了第 11 章。在本书编写过程中得到了作者的同仁胡孝恽、杨华、王小兰、蔡礼渊、左小俐、熊平、刘建泉、隆建、文灵和邱雪梅等同志的热情帮助，在此表示衷心的感谢。感谢何红梅女士在图书编写过程中所给予的启发和鼓舞。在本书编著过程中，引用了部分文献材料，在此一并表示感谢。同时参与本书编写工作的人员还有王治国、冯强、曾德惠、许庆华、程亮、周聪、黄志平、胡松、邢永峰、邵军、边海龙、刘达因、赵婷、马鸿娟、侯桐、赵光明、李胜、李辉、侯杰、王红研、王磊、闫守红、康涌泉、蒋杼倩、王小东、张森、张正亮、宋利梅、何群芬、程瑶，在此一并表示感谢。

由于作者水平有限，加之程序设计技术发展迅速，书中错误和不妥之处在所难免，恳请广大读者批评指正。我们的联系方式：china_54@tom.com。

编　者
2011 年 9 月

目　　录

第1章　PHP 概述及其运行环境的
　　　　配置.................................1
1.1　动态 Web 站点........................1
　　1.1.1　什么是动态 Web 站点..........1
　　1.1.2　从静态网站到动态网站的演变.....1
1.2　PHP 基本原理及由来.................2
　　1.2.1　PHP 概念.....................2
　　1.2.2　PHP 的产生与发展..............2
　　1.2.3　PHP 原理.....................3
1.3　PHP 的运行环境.....................4
　　1.3.1　PHP 运行的软硬件环境..........4
　　1.3.2　Apache 的安装及服务器配置.....4
　　1.3.3　如何安装 PHP.................9
　　1.3.4　PHP 与 Apache 建立关联......11
　　1.3.5　测试 PHP 运行环境...........12
1.4　常用的 PHP 程序编辑工具...........13
　　1.4.1　PHP 代码开发工具............13
　　1.4.2　网页设计工具................14
　　1.4.3　文本编辑工具................14
1.5　本章小结...........................15
1.6　练习题.............................15
1.7　上机实战...........................15

第2章　HTML 基础.....................16
2.1　HTML 文档的基本结构...............16
　　2.1.1　HTML 文件结构..............16
　　2.1.2　标题标记及主体标记..........17
2.2　文本格式标记.......................17
　　2.2.1　标题字体标记................17
　　2.2.2　字体风格标记................17
　　2.2.3　字体标记....................18
　　2.2.4　字段落标记与换行标记........18
　　2.2.5　列表标记....................19

　　2.2.6　水平线标记..................20
　　2.2.7　转义字符与其他特殊符号........20
2.3　超链接标记.........................21
　　2.3.1　链接的定义..................21
　　2.3.2　超链接的种类................21
2.4　图像标记...........................22
　　2.4.1　图像的基本格式..............22
　　2.4.2　图像的对齐方式..............23
　　2.4.3　图像的大小..................24
2.5　表格标记...........................24
　　2.5.1　表格定义标记................24
　　2.5.2　表格体标记..................27
2.6　表单标记...........................28
　　2.6.1　表单的定义语法..............28
　　2.6.2　在文本框中输入文字和密码......28
　　2.6.3　复选框和单选按钮............29
　　2.6.4　列表框......................30
　　2.6.5　文本区域....................31
　　2.6.6　表单中的按钮................31
　　2.6.7　隐藏表单的元素..............32
2.7　在 HTML 中嵌入 PHP 代码.........32
2.8　案例剖析：制作网上问卷调查
　　　表单.............................33
　　2.8.1　程序功能介绍................33
　　2.8.2　程序代码分析................34
2.9　本章小结...........................36
2.10　练习题............................36
2.11　上机实战..........................36

第3章　PHP 的基本语法.................37
3.1　PHP 语法综述.......................37
　　3.1.1　PHP 程序语言的特点..........37
　　3.1.2　PHP 无可比拟的优势..........38

3.2 数据类型 39
  3.2.1 布尔数据类型 39
  3.2.2 整数数据类型 41
  3.2.3 浮点数数据类型 42
  3.2.4 字符串数据类型 43
  3.2.5 转义字符串 46
  3.2.6 数组数据类型 47
  3.2.7 对象数据类型 48
  3.2.8 资源数据类型 50
  3.2.9 NULL 数据类型 50
3.3 PHP 的变量与常数 50
  3.3.1 变量的定义与赋值 51
  3.3.2 变量的参考指定 51
  3.3.3 常数的声明 52
  3.3.4 保留字 53
  3.3.5 可变变量（动态变量） 53
  3.3.6 运算符优先级 54
  3.3.7 算术运算符 56
  3.3.8 赋值运算符 57
  3.3.9 位运算符 57
  3.3.10 递增/递减运算符 58
  3.3.11 逻辑运算符 59
  3.3.12 字符串运算符 59
  3.3.13 强制类型转换运算符 60
  3.3.14 执行运算符 61
  3.3.15 PHP 语言表达式 61
3.4 PHP 程序中的流程控制 62
  3.4.1 if…else 语句 62
  3.4.2 if…else if 语句 62
  3.4.3 while 循环结构 63
  3.4.4 do…while 循环结构 63
  3.4.5 for 循环结构 65
  3.4.6 foreach 循环 66
  3.4.7 break 与 continue 语句 66
  3.4.8 switch 语句 67
3.5 案例剖析：九九乘法口诀表的
   实现 68
  3.5.1 程序功能介绍 68

  3.5.2 程序代码分析 69
3.6 本章小结 69
3.7 练习题 70
3.8 上机实战 70
第 4 章 PHP 中的函数与内置数组 71
4.1 PHP 内置函数概述 71
  4.1.1 PHP 标准函数与扩展函数 71
  4.1.2 启用扩展函数库 72
4.2 PHP 内置数组 72
  4.2.1 PHP 5 内置数组简介 73
  4.2.2 接收表单数据和 URL 附加
     数据 73
  4.2.3 用 Session 和 Cookie 实现用户
     登录 75
4.3 PHP 数组函数 79
  4.3.1 数组函数总览 79
  4.3.2 array()函数 81
  4.3.3 count()函数 81
  4.3.4 each()函数 82
  4.3.5 current()、reset()、end()、next()
     和 prev()函数 82
4.4 字符串处理函数 83
  4.4.1 字符串处理函数总览 83
  4.4.2 去除空格函数 85
  4.4.3 HTML 处理相关函数 86
  4.4.4 改变字符串大小写 88
  4.4.5 字符串拆分与连接 88
  4.4.6 字符串查找 90
  4.4.7 字符串替换 92
  4.4.8 字符串加密 93
4.5 时间日期函数 94
  4.5.1 时间日期函数总览 94
  4.5.2 date()和 time()函数 95
  4.5.3 strtotime()函数 97
  4.5.4 getdate()函数 97
  4.5.5 mktime()函数 98
4.6 数学函数 99

4.6.1　数学函数总览..................99

4.6.2　求随机数的 rand()函数............100

4.6.3　最大值函数与最小值函数.......101

4.6.4　ceil()、floor()和 round()函数....101

4.7　图像处理函数........................102

4.7.1　用图像处理函数绘制 PNG
图形..................103

4.7.2　用图像处理函数制作水印
效果..................103

4.8　自定义函数........................104

4.8.1　函数的定义与调用.............104

4.8.2　函数的参数传递.............105

4.8.3　用函数的同名变量实现可变
函数..................107

4.8.4　变量在函数中的使用.............108

4.9　案例剖析：图像验证码的
实现........................109

4.9.1　程序功能介绍.............110

4.9.2　程序代码分析.............110

4.10　本章小结........................112

4.11　练习题........................112

4.12　上机实战........................112

第 5 章　目录与文件操作....................113

5.1　文件操作........................113

5.1.1　文件的基本操作方法.............113

5.1.2　文件操作的重要函数.............116

5.1.3　文件操作函数的综合案例.......117

5.2　目录操作........................118

5.2.1　创建和删除目录.............118

5.2.2　获取和更改当前目录.............119

5.2.3　读取目录内容.............120

5.2.4　解析路径信息.............122

5.3　文件上传的实现........................123

5.3.1　创建文件域.............123

5.3.2　单个文件的上传.............123

5.3.3　多个文件的上传.............125

5.4　案例剖析：基于文件名的目录

搜索..................127

5.4.1　程序功能介绍.............127

5.4.2　程序代码分析.............127

5.5　本章小结........................128

5.6　练习题........................129

5.7　上机实战........................129

第 6 章　MySQL 数据库的安装与
使用........................130

6.1　MySQL 数据库简介.................130

6.1.1　Web 开发与数据库.............130

6.1.2　MySQL 数据库概述.................131

6.2　MySQL 数据库的安装与系统
设置........................131

6.2.1　下载 MySQL 安装包.............131

6.2.2　安装 MySQL.............132

6.2.3　测试 MySQL.............136

6.3　MySQL 数据库支持的数据
类型........................136

6.3.1　数值类型.............137

6.3.2　日期和时间类型.............138

6.3.3　字符串类型.............138

6.4　结构化查询语言简介.................139

6.4.1　结构化查询语言简介.............139

6.4.2　常用的 SQL 语句用法.............139

6.5　常用的可视化 MySQL 数据库
管理工具........................143

6.5.1　phpMyAdmin 的安装与
使用..................144

6.5.2　Navicat MySQL 的安装与
使用..................146

6.6　案例剖析：学生成绩数据库
规划与实现........................147

6.6.1　程序功能介绍.............147

6.6.2　程序代码分析.............148

6.7　本章小结........................149

6.8　练习题........................149

6.9　上机实战........................149

第 7 章　PHP 与 MySQL 的珠联

　　　　璧合 151

7.1　运用 PHP 和 MySQL 联合开发

　　　Web 的优势 151

7.2　连接 MySQL 数据库的前期

　　　准备工作 151

7.3　PHP 操作 MySQL 数据库常用

　　　方法 152

　　7.3.1　连接数据库 152

　　7.3.2　选择数据库 153

　　7.3.3　对数据库进行操作 153

　　7.3.4　其他常用的 MySQL 函数 155

7.4　案例剖析：网上学生成绩查询

　　　系统的实现 159

　　7.4.1　程序功能介绍 159

　　7.4.2　程序代码分析 160

7.5　本章小结 161

7.6　练习题 162

7.7　上机实战 162

第 8 章　PHP 中的正则表达式及式样

　　　　匹配 163

8.1　正则表达式简介 163

　　8.1.1　正则表达式概念 163

　　8.1.2　常用的正则表达式及举例 ... 166

8.2　模式匹配函数 167

　　8.2.1　匹配字符串 168

　　8.2.2　替换字符串 169

　　8.2.3　用正则表达式分割字符串 ... 170

　　8.2.4　转义正则表达式字符 172

8.3　案例剖析：新用户注册程序 172

　　8.3.1　程序功能介绍 172

　　8.3.2　程序代码分析 173

8.4　本章小结 174

8.5　练习题 174

8.6　上机实战 174

第 9 章　PHP 中的对象 175

9.1　类与对象 175

9.1.1　类的概念 175

9.1.2　对象 176

9.2　使用类 177

9.2.1　定义类和类的实例化 177

9.2.2　显示对象的信息 178

9.2.3　类成员和作用域 179

9.2.4　构造函数与析构函数 180

9.2.5　继承 181

9.3　PHP 的对象特性 182

9.3.1　final 类和方法 182

9.3.2　静态成员 183

9.3.3　克隆对象 183

9.3.4　方法重载 184

9.4　案例剖析：一个课程管理类

　　　及其对象的实现 185

9.4.1　程序功能介绍 185

9.4.2　程序代码分析 186

9.5　本章小结 188

9.6　练习题 188

9.7　上机实战 188

第 10 章　Dreamweaver CS4 中的

　　　　 PHP 程序设计 189

10.1　Dreamweaver CS4 概述 189

10.2　利用 Dreamweaver 建立 PHP

　　　动态网站站点 189

10.2.1　站点的建立 190

10.2.2　在 Dreamweaver 中创建

　　　　 MySQL 连接 192

10.2.3　数据库连接的管理与应用 .. 195

10.3　数据集的创建与应用 196

10.3.1　利用 Dreamweaver 创建

　　　　 记录集 196

10.3.2　分页显示查询结果 199

10.3.3　搜索/结果页的创建 201

10.3.4　主/详细记录页的创建 ... 203

10.4　记录的添加、删除与更新 205

10.4.1　数据记录的添加 205

10.4.2 删除数据..........................208

10.4.3 数据记录的更新.............209

10.5 案例剖析：网上留言簿的
实现..................................... 210

10.5.1 程序功能介绍.................210

10.5.2 程序代码分析.................212

10.6 本章小结 215

10.7 练习题 216

10.8 上机实战 216

**第 11 章 PHP 程序开发综合实例——
网络留言板**.........................217

11.1 系统概述 217

11.1.1 需求分析.........................217

11.1.2 流程设计.........................218

11.2 数据库设计 218

11.2.1 需求分析及逻辑结构设计......218

11.2.2 数据库及数据表的建立......219

11.3 系统公用模块设计及代码
编写..................................... 220

11.3.1 用户类公用模块代码的设计
与实现.................................221

11.3.2 留言内容类公用模块代码的
设计与实现.........................222

11.3.3 IP 地址类公用模块代码的
设计与实现.........................224

11.3.4 用户验证公用模块代码的
设计与实现.........................225

11.3.5 保存用户留言公用模块代码的
设计与实现.........................226

11.3.6 删除用户留言公用模块代码的
设计与实现.........................226

11.4 各功能页面的设计及代码
编写..................................... 227

11.4.1 网站首页的设计与实现........227

11.4.2 用户注册页面的设计与
实现.....................................232

11.4.3 添加新留言页面的设计与
实现.....................................234

11.4.4 问卷调查内容设置功能页面的
设计与实现.........................234

11.4.5 网络投票页面的设计与
实现.....................................238

11.4.6 网络投票结果查询页面的
设计与实现.........................241

11.5 本章小结 242

11.6 练习题 243

11.7 上机实战 243

第 12 章 实验指导.........................244

12.1 PHP+MySQL+Apache 系统
开发平台的配置..................... 244

12.1.1 下载 AppServ 软件.............244

12.1.2 安装 AppServ 软件 245

12.1.3 php.ini 文件的配置.............248

12.2 实验一：成绩管理系统的
设计与实现 249

12.2.1 实验项目设计目的.............249

12.2.2 需求分析及功能描述.........249

12.2.3 数据库设计.......................250

12.2.4 代码设计...........................251

12.3 实验二：用户管理系统的
设计与实现 262

12.3.1 实验项目设计目的.............262

12.3.2 需求分析及功能描述.............262

12.3.3 数据库设计.......................263

12.3.4 代码设计...........................263

12.4 实验项目设计总结与提高 270

参考文献 **271**

第 1 章　PHP 概述及其运行环境的配置

知识点：

- ☑ PHP 的由来
- ☑ PHP 能做什么
- ☑ PHP 运行环境
- ☑ PHP 运行的原理
- ☑ 编辑 PHP 程序代码的常用工具

本章导读：

　　PHP 是一种简单而强大的开源脚本语言，用于创建动态 Web 内容，功能和 ASP 相似。本章首先介绍了动态 Web 站点的概念，然后对 PHP 的概念和原理进行了阐释，接着介绍了 PHP 的运行环境及其配置，为了让读者尽快熟悉 PHP 语言的特点，编者在最后介绍了几款常用的 PHP 程序代码编辑工具。

1.1　动态 Web 站点

　　在 Internet 上用户可以使用很多服务，其中 Web 服务是目前 Internet 上非常重要、使用也最多的一项服务。Web 服务器上的各个超文本文件称为网页，而存放这些网页的 Web 服务器称为 Web 站点。

1.1.1　什么是动态 Web 站点

　　动态 Web 站点的内容会在用户每次访问或重载站点时重新生成，该网页文件不仅具有 HTML 标记，而且含有程序代码，用于数据库连接。动态网页能根据不同的时间和不同的来访者显示不同的内容，且更新方便，一般在后台直接更新。动态网站中的网页广泛采用通用网关接口（CGI）技术，该技术能够将用户客户端浏览器上输入的数据提交到 Web 服务器上运行，然后将运行结果返回到用户的浏览器上；采用的语言一般为 ASP、PHP 和 Java 等。

1.1.2　从静态网站到动态网站的演变

　　静态网页是网站建设的基础，静态网页和动态网页之间相互依存，共同支持网页的运行。动态网站中的大多数网页具有交互筛选功能，其页面可根据用户的需求显示不同的信息内容。与动态网站相反，静态网站没有交互的功能。在 URL 表现形式上，每个静态网页都有一个固定的 URL，而且网页的 URL 以.htm、.html、.shtml 等常见形式为后缀，而不含

有 "？"。在网站的内容上，静态网页内容发布到网站服务器上后，无论是否有用户访问，每个静态网页的内容都是保存在网站服务器上的，每个网页都是一个独立的文件，且内容相对稳定。在网站维护方面，静态网页一般没有数据库的支持，因此在网站制作和维护方面工作量较大，当网站信息量很大时仅仅依靠静态网页来发布网站内容变得非常困难。

基于上述静态网站的诸多缺陷，动态网站为用户提供了如下强大的功能。

❑ 动态网页以数据库技术为基础，可以大大降低网站维护的工作量。

❑ 采用动态网页技术的网站可以实现更多的功能，如网上在线商务等。

❑ 根据终端用户不同的需求返回不同内容的网页，具有按需定制网页内容的功能。

当然，由于动态网页上的信息必须从数据库中读取，即每打开一个网页都要读取一次数据库，因此，如果在线访问人数过多，就会影响网站的运行速度。但随着现代计算机技术的不断发展，这已不再是什么问题。

1.2 PHP 基本原理及由来

PHP 究竟是一种什么样的语言？它是怎样产生和发展起来的？下面将详细说明这两个问题。

1.2.1 PHP 概念

PHP 是 Hypertext Preprocessor（超文本预处理器）的字母缩写，是一种广泛使用的服务器端编程语言，用于开发动态网页。PHP 是一种开源的、跨平台的、独立于架构的、解释的、面向对象的、快速的、健壮的、安全性高的 Web 编程语言。它借鉴了 C、Java、Perl 等语言的部分语法并结合 PHP 自身的特性，使一般的初学者能很快上手并熟练运用，让 Web 开发者能快速地写出动态生成页面的脚本。

与 ASP 和 JSP 不同，PHP 是一个开放源代码的项目，所以没有购买许可证的费用或限制使用的问题，用户完全可以使用 PHP 来开发中小型的 Web 项目，而且开发成本几乎为零。除此之外，用户还可以通过互联网获取大量的帮助信息。如果读者是一个 PHP 编程经验丰富的高手，且富有志愿者的精神，也可以将自己的优秀源代码上传到相关的 PHP 网站上去，与他人分享自己的杰作。

1.2.2 PHP 的产生与发展

任何新生事物都有其产生和发展的过程，PHP 也不例外。PHP 的创始人是 Rasmus Lerdorf。1994 年，他用 Perl 语言编写了一个简单程序，用来统计自己网站的访问情况；后来他又用 C 语言重新进行了编写，增加了连接数据库等功能，并在 1995 年以 Personal Home Page Tools（PHP Tools）开始对外发表第一个版本 PHP 1.0。在早期的 PHP 版本中，仅提供了访客留言本、访客计数器等简单的功能。此后，越来越多的网站使用了 PHP，并且强烈要求增加一些特性,如循环语句和数组变量等。随着 PHP 开发团队的不断壮大,在 PHP 1.0 版本发布之后不久,PHP 2.0 很快也发布了,并命名为 PHP/FI（Form Interpreter）。PHP/FI 加入了对 MySQL 的支持,从此建立了 PHP 在动态网页开发上的地位。到了 1996 年底,有 15000 个网站使用 PHP/FI。到了 1997 年,使用 PHP/FI 的网站数字超过 5 万个。

1997 年,PHP 开发小组开始了第三版的开发计划。Zeev Suraski 及 Andi Gutmans 等人加入到 PHP 开发团队之后,对 PHP 进行了彻底崭新的设计,在加入了许多新功能和新技术的基础上推出了 PHP 的第三版 PHP 3.0。2000 年,PHP 4.0 又问世了,其中又增加了许多新的特性,使 PHP 更加成熟,其核心引擎更加优越,执行速度更快,已比传统的 CGI 及 ASP 等程序有更好的表现和更丰富的函数库支持。

PHP 进入中国较晚,在很长一段时间内,PHP 的使用率很低。但是最近几年,PHP 以其易学、高效、安全、免费、跨平台等一系列重要优势,在国内迅速发展起来。现在,国内已经出现大量采用 PHP 开发的网站。

目前,PHP 的最新版本是 PHP 5,它在 PHP4 的基础上进行了进一步的改进,功能更强大,执行效率更高。

1.2.3　PHP 原理

根据 PHP 程序的代码执行过程和工作机制,可以把 PHP 网络程序的运行原理描述为如图 1-1 所示的 6 个步骤。

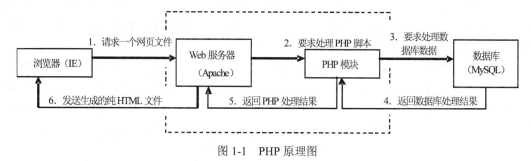

图 1-1　PHP 原理图

下面对照图 1-1,对 PHP 原理做进一步的阐释。PHP 程序的一个完整运行周期大致包括如下 6 个步骤:

（1）用户通过浏览器向 Web 服务器发起一个 PHP 网页文件请求。

（2）Web 服务器接收到请求后读取所请求的文件,如果扩展名为.php,则向 PHP 模块发送 PHP 代码的请求。

（3）如果脚本中还有数据库操作语句,PHP 模块建立与 MySQL 的数据库连接将 SQL 命令发送到 MySQL。

（4）MySQL 进行数据库处理操作,并将操作结果返回给 PHP 模块。

（5）PHP 模块处理完 PHP 脚本,将结果返回给 Web 服务器。

（6）Web 服务器最终将纯 HTML 数据返回给客户端浏览器,浏览器显示 HTML 页面。

通过分析以上步骤不难发现,PHP 程序通过 Web 服务器接收访问请求,在服务器端处理请求，然后通过 Web 服务器向客户端发送处理结果。在客户端接收到的只是程序输出的处理结果，是一些 HTML 标记，无法直接看到 PHP 代码，这样就能够很好地保证代码的保密性和程序的安全性。

1.3 PHP 的运行环境

PHP 编程人员想要得心应手地运用 PHP 开发各种 Web 项目，了解 PHP 运行的软件和硬件环境的知识是必不可少的。除此之外，还要正确地安装和配置配套 PHP、MySQL、Apache 等系统软件，进而搭建好整个 PHP 的开发环境。本节只介绍 PHP、Apache 安装和配置，MySQL 安装和配置将在第 6 章介绍 MySQL 数据库系统时一并讲解。

1.3.1 PHP 运行的软硬件环境

PHP 和其他系统软件一样，都需要具有硬件和软件环境的支持。PHP 对硬件的要求非常低，对一般初学者来说，拥有一台普通的计算机就足够了。软件环境主要包括操作系统和 Web 服务软件，二者可根据用户的实际情况和需要来进行选择。

PHP 能够在目前所有的主流操作系统上运行，包括 Linux、UNIX（包括 HP-UX、Solaris 和 OpenBSD 等）、Microsoft Windows 系列、Mac OS 等。PHP 在这些平台上的安装步骤大同小异，不再一一介绍。本书将以 Windows 平台为例，介绍 PHP 的安装和使用。事实上，由于 PHP 具有可移植性，所以在程序设计阶段使用什么样的操作系统无关紧要，因为开发出来的程序可以非常容易地移植到其他操作系统上去。

Web 服务软件也称为 Web 服务器，目前，业界用得最多的主要有两种 Web 服务器，一种是微软公司的 IIS 服务器，另外一种是 Apache 服务器，PHP 对这两种 Web 服务器都能很好地支持。下面将只对 Apache 服务器在 Windows 环境下的安装和配置过程进行详细介绍。同时，如无特别说明，本书中所涉及的实例源代码，都是通过 Apache 服务器进行测试的，程序运行的显示结果也是在 Apache 平台上的执行结果。

1.3.2 Apache 的安装及服务器配置

Apache 是世界上使用最为广泛的 Web 服务器之一，根据 NetCraft 机构的调查，世界上 50%以上的 Web 服务器是用 Apache 搭建的。

1995 年 4 月，最早的 Apache 0.6.2 版由 Apache Group 公布发行。Apache Group 是一个非盈利的机构，因此，Apache 版本的更新以及标准发行版中应包含哪些内容等日常运作都是在互联网上进行的。Apache 是一款开发源代码软件，允许任何人对其修改、扩充和更新，正因为如此，才保持了强大的生命力。目前，Apache 的最新版本是 Apache 2.2.15。

和其他服务器相比，Apache 拥有以下特性：
❏ 几乎所有的计算机平台都支持 Apache 运行。
❏ 支持 HTTP 协议的最新版本 HTTP/1.1 协议。

❑　所有的服务器其配置操作都可以通过 httpd.conf 文件进行，操作方便简单。

❑　支持通用网关接口（CGI）、FASTCGI。支持虚拟主机，支持 HTTP 认证。

❑　具有对用户会话过程的跟踪能力。

❑　支持 Java Serverlets。

❑　运行效率高，成本低。

　　Apache 是免费软件，因此获取 Apache 安装文件的途径有很多，但最好从其官方网站上下载。Apache 官方网站的 URL 地址为 http://www.apache.org，如图 1-2 所示为网站首页。单击首页上部的 Download 菜单，进入 Apache 最新版本的服务器产品列表，找到 Apache 2.2.15 列表项（如图 1-3 所示），单击该项下部的 Download 超链接，进入如图 1-4 所示的下载页面。由于大多数初学者学习 PHP 都选择 Windows 平台，故在此选择 Windows 环境下的安装程序 httpd-2.2.15-win32-x86-openssl-0.9.8m-r2.msi 进行下载。

图 1-2　Apache 的官方网站主页

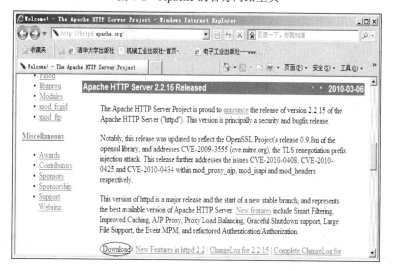

图 1-3　Apache 服务器产品列表

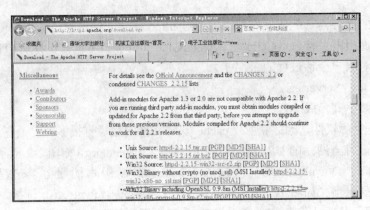

图 1-4　Apache 服务器安装文件的下载页面

　　将安装文件 httpd-2.2.15-win32-x86-openssl-0.9.8m-r2.msi 成功下载到本地磁盘后，用鼠标双击进入安装向导欢迎界面，如图 1-5 所示。单击 Next 按钮，出现软件安装使用许可协议说明窗口，在此选中 I accept the terms in the License Agreement 单选按钮来接受许可协议条款。再单击 Next 按钮，出现一个关于 Apache 的一些相关介绍，阅读完此介绍信息后，单击 Next 按钮进入 Apache 服务器域名权限等配置窗口，如图 1-6 所示。该窗口有 3 个文本框，分别要求输入网络域名、服务器名、管理员信箱，以及一组单选按钮，要求选择 Apache 的工作方式。如果是将本地机作为服务器，前 3 项可以为空，不需设置。第 4 个选项有两种选择，系统推荐使用第一种，即 for All Users, on Port 80, as a Service--Recommended（中文意思是：针对所有用户，工作在 80 端口，作为服务器--推荐）。

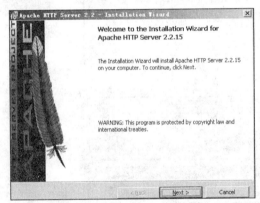

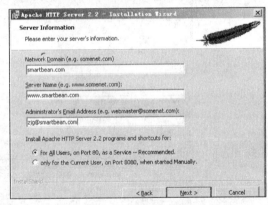

图 1-5　Apache 安装程序欢迎界面　　　　　　图 1-6　Apache 服务器的配置

　　设置完成之后，单击 Next 按钮出现选择安装类型的界面，如图 1-7 所示。其中，Typical 选项是典型安装 Apache 服务器，适合大多数使用者；Custom 选项为用户自定义安装 Apache 服务器，适合十分熟悉 Apache 的用户选择。作为初学者，建议选择 Typical 典型安装。

　　设置完服务器安装类型后，单击 Next 按钮进入下一步，出现 Apache 安装位置的选择窗口，在此用户可以自由选择安装的目标目录。设置好安装位置后，单击 Next 按钮，系统会出现"安装准备已就绪"的提示界面，单击 Install 按钮开始安装，随即进入如图 1-8 所示的安装界面。

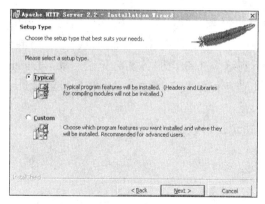
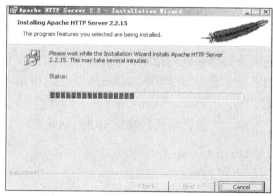

图 1-7 Apache 服务器的安装类型设置　　　　图 1-8 Apache 服务器的安装进度

安装完毕后，单击 Finish 按钮。如果安装成功，将在 Windows 桌面右下角出现 图标，在开始程序菜单中还将出现如图 1-9 所示的 Apache 程序菜单组。其中，Configure Apache Server 子程序组下面的 Edit the Apache httpd.conf Configuration File 菜单是用于配置 Apache 服务器的文本文件，用鼠标双击该菜单，将打开一个名为 httpd.conf 的纯文本文件。通过修改此文件可以为网站设置主目录（即默认情况下网页文档存放的位置），其默认值是 Apache 系统目录下的 Apache2.2\htdocs 子目录，如图 1-10 所示。用户可以通过 DocumentRoot 命令修改主目录，以适应自己的需要，方法如下：用“记事本”程序打开 httpd.conf 文件，然后用“编辑”菜单中的“查找”命令找到 DocumentRoot 命令参数（其格式为 DocumentRoot [Path]），最后把 Path 参数替换成拟设为网站主目录的路径即可。

注意：修改目录时，文件夹与文件夹之间的分界符是“/”，而非 Windows 目录路径格式下的“\”符号。

图 1-9 Apache 服务器程序组

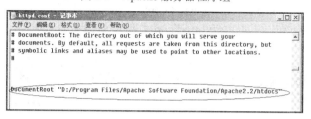

图 1-10 配置网站主目录

在 httpd.conf 文件中，除了可以设置网站主目录外，还可以进行以下设置。

（1）Listen 指令

Listen 指令用于设置 Apache 服务器监听的 IP 地址和端口。其语法格式如下：

Listen [IP-address:]portnumber

其中，参数 IP-address 表示 IP 地址，参数 portnumber 表示端口号。Listen 指令指示 Apache 只在指定的 IP 地址和端口上监听（默认情况下 Apache 会在所有 IP 地址上监听）。Listen 是一个必须设置的指令，如果在配置文件中找不到这个指令，服务器将无法启动。Listen 指令指定服务器在哪个端口或地址+端口的组合上监听网络接入请求，并对该地址或地址+端口组合上的请求做出应答。

例如，想要服务器接受 80 和 8000 端口上的请求，可以这样设置：

```
Listen 80
Listen 8000
```

要想让服务器接受来自两个指定 IP 地址和端口号的请求，应采用如下格式的指令：

```
Listen 192.11.2.1: 80
Listen 192.11.2.3:8000
```

同样，在设置该指令前，应先打开 httpd.con 文件，然后查找此指令，再做修改。

（2）Alias 指令

Alias 指令用于映射 URL 到文件系统的特定区域，也就是在 Apache 网站中创建一个虚拟目录。其语法格式如下：

Alias URL-path file-path|directory-path

其中，URL-path 表示虚拟路径，file-path 或 directory-path 表示本地文件系统的物理路径。Alias 指令可以使文档存储在 DocumentRoot 以外的本地文件系统中。以 URL-path 路径开头的 URL 可以被映射到以 directory-path 开头的本地文件中。

如在 httpd.conf 文件中输入指令：

```
Alias /image/     ftp/pub/image
```

则在 IE 浏览器中输入 http://myserver/image/foo.gif 并按 Enter 键后，服务器将返回 "\ftp\pub\ image\foo.gif" 文件到 IE 浏览窗口中。

> **注意：** 如果 URL-path 中有后缀 "/"，则服务器要求有后缀 "/" 以扩展此别名。也就是说 "Alias /icons/usr/local/apache/icons/" 并不能对 "/icons" 实现别名。同样，在设置该指令前，应先打开 httpd.con 文件，然后查找此指令，再做修改。

（3）DirectoryIndex 指令

DirectoryIndex 指令用于当客户端在 URL（统一资源定位符）的末尾添加一个 "/" 以表示请求该目录的索引时，设置服务器以资源列表的形式将该目录内容返回给客户端。其语法格式如下：

DirectoryIndex local-url [local-url] ...

其中，参数 local-url 表示一个相对于被请求目录中文档的 URL，通常是该目录中的一个文件。可以同时指定多个 URL，但多个 URL 之间必须用空格分隔。服务器搜索时，将返回最先找到的那一个目录。若一个也没有找到，并且为 local-url 目录设置了 Indexes 选项，服务器将会自动产生一个该目录中的资源列表。例如：

DirectoryIndex index.html

上面的设置要求对 http://myserver/docs/的请求返回 http://myserver/docs/index.html（若存在）或返回该目录下的所有资源列表。同样，在设置该指令前，应先打开 httpd.con 文件，查找到此指令，再做相应修改。

🔊 **注意**：指定的文档不必一定位于被请求的目录下，也可以指定一个绝对 URL 以指向其他位置。例如：

DirectoryIndex index.html　index.txt /cgi-bin/index.pl
这样的设置将导致在 index.html 或 index.txt 都不存在的情况下执行 CGI 脚本 /cgi-bin/ index.pl。

以上相关设置完毕后，在 IE 浏览器地址栏中输入"http://localhost"，然后按 Enter 键，进入如图 1-11 所示的测试页面，表明 Apache 服务器安装成功。

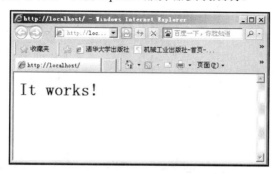

图 1-11　Apache 服务器的测试网页

1.3.3　如何安装 PHP

PHP 的安装可通过两种方式：一种是从 PHP 的官方网站（www.php.net）上下载安装文件压缩包，然后解压到指定的文件夹中；另外一种方法是从 PHP 的官方网站上下载安装程序（目前较新的版本是 PHP 5.3.2，其安装程序是 php-5.3.2-nts-Win32-VC9-x86.msi），下载完毕后双击鼠标，进入 PHP 安装向导界面，如图 1-12 所示。

单击 Next 按钮，进入 PHP 用户安装许可协议，选中 I accept the terms in the License Agreement 单选按钮来接受许可协议条款，如图 1-13 所示。

然后单击 Next 按钮进入下一步，选择 PHP 的安装路径，如图 1-14 所示。

安装路径设置完毕后，单击 Next 按钮，进入 PHP 程序，选择 Web 服务器，这里不选择任何选项（可以在后面根据用户需要进行灵活的手动设置完成，将在 1.3.4 小节中讲到）直接进入正式安装阶段，如图 1-15 所示，用树状目录的形式显示 PHP 相关的安装组件。单击+按钮展开所有可安装选项，在相应组件上单击，将弹出一个包括 3 个选项的快捷菜单，其中第一项为安装当前选中的组件，第二项为安装所有组件，第三项为不安装任何组件。如果是开发人员，建议安装所有组件；如果是部署人员，可选择部分组件进行安装。

图 1-12　PHP 安装程序欢迎界面

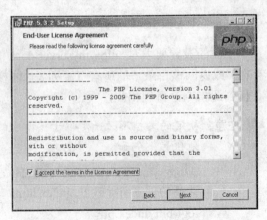

图 1-13　PHP 用户安装许可协议

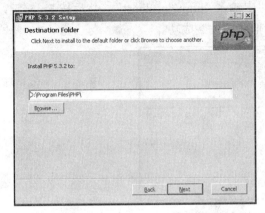

图 1-14　PHP 安装路径选择

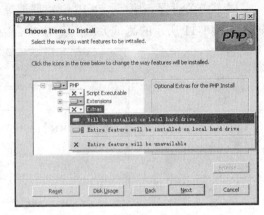

图 1-15　PHP 安装路径选择

单击图 1-15 中的 Next 按钮继续安装，直至出现如图 1-16 所示的界面。单击 Finish 按钮，完成整个安装过程。

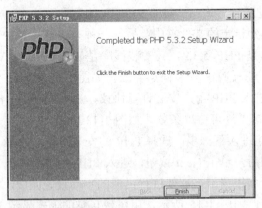

图 1-16　结束 PHP 5.3.2 的安装

接下来的工作就是配置 PHP。PHP 的配置选项保存在文件 php.ini 中，该文件称为 PHP 配置文件。配置 PHP 可以通过编辑文件 php.ini 来实现，其步骤如下：

（1）在 PHP 安装目录中找到 php.ini 文件，并将其复制到 Apache 安装目录下的 Apache2.2

文件夹中。

（2）用"记事本"程序打开 php.ini 文件。

（3）设置动态模块的加载路径。执行"编辑"→"查找"命令，在文件中找到 extension_dir 选项，由于 PHP 的安装目录是 E:\php5，故在此设置为：

```
extension_dir = "E:\PHP5\ext"
```

（4）用同样的方法找到 doc_root 选项，设置 PHP 文档的根目录。建议该根目录与 Apahce 的 DocumentRoot 命令中配置的网站主目录保持一致，即设置为同一目录。

（5）设置保存会话信息的目录。该选项的原始设置为：

```
;session.save_path = "/tmp"
```

根据用户实际安装情况，正确输入目录路径后，将语句前面的";"符号去掉，使设置生效。因为";"符号在 php.ini 文件中表示该行的语句是注释语句，而非执行语句。

（6）设置错误信息显示选项。在文件中找到 display_errors，然后将其设置为：

```
display_errors = On
```

则在执行 PHP 程序时，如遇到错误，将显示错误信息。

（7）设置服务器默认时区。date.timezone = PRC，表示把该项的值设为中国的标准时间。

1.3.4　PHP 与 Apache 建立关联

虽然 Apache 已经可以正常运行了，但此时服务器仍无法运行 PHP 网页。要想让服务器能运行 PHP 网页，必须使 PHP 与 Apache 建立关联，且该关联操作必须在确保前期的准备工作正确无误地完成后才能开始实施。其步骤如下：

（1）找到 Apache 配置文件并进行相应的配置。

Apache 的配置是通过修改 httpd.conf 文件实现的。httpd.conf 是一个纯文本文件，可通过"记事本"程序打开进行编辑。单击"开始"菜单，选择 Apache HTTP Server 2.2 → Configure Apache Server → Edit the Apache httpd. conf Configuration File 命令，即可打开 httpd.conf 配置文件。

（2）通过下面两种方式，可实现 PHP 与 Apache 的关联。

① 使用 CGI 二进制文件方式。此时需要把以下代码添加到 httpd.conf 文件中，如图 1-17 所示。

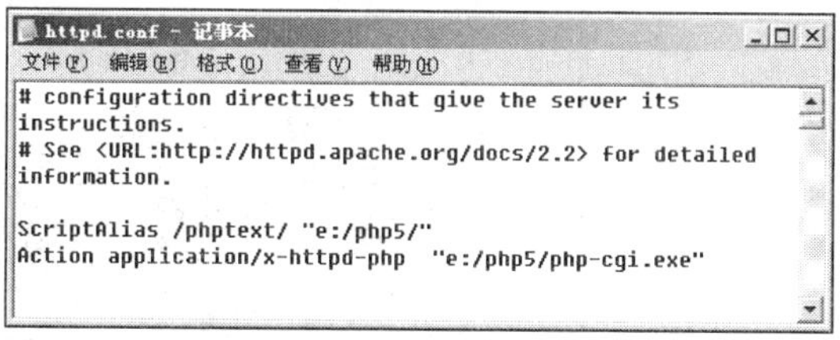

图 1-17　配置 httpd.conf 文件

```
ScriptAlias /phptext/ "e:/php5/"
AddType application/x-httpd-php .php
Action application/x-httpd-php   "e:/php5/php-cgi.exe"
```

其中，e:/php5 表示 PHP 的安装路径，读者可以根据自己的 PHP 安装路径来进行设置。

② 使用 DLL 动态连接模块方式。此时需要把以下代码添加到 httpd.conf 文件中。

```
PHPIniDir "e:/php5/"
AddType application/x-httpd-php .php
LoadModule php5_module "e:/php5/php5apache2_2.dll"
```

以上配置信息正确输入并保存后，重新启动 Apache 服务器使其生效。

📢 注意：在 httpd.conf 文件中输入配置语句时，行首不能有 "#" 号，否则将会被作为注释语句而失去作用。

1.3.5 测试 PHP 运行环境

在 PHP 中可通过 phpinfo()函数查看服务器的运行环境，包括 PHP 的编译选项及扩充配置、PHP 版本、服务器信息及环境变量、PHP 环境变量以及操作系统的版本信息等。打开 Windows 记事本程序，在文本编辑区中输入如下代码：

```
<html>
<head>
</head>
<body>
<?php
echo phpinfo();
?>
</body>
</html>
```

然后保存文件为 test.php 文件，保存类型应选择"所有文件"，保存路径为 Apache 网站主目录。最后，在 IE 浏览器中输入 http://localhost/text.php，并按 Enter 键，即可浏览如图 1-18 所示的 PHP 运行环境测试信息。

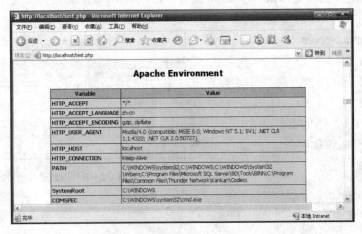

图 1-18　PHP 运行环境的测试

1.4　常用的 PHP 程序编辑工具

　　编写 PHP 程序的工具很多，常用的网页编辑器如 FrontPage、Dreamweaver，常用的文本编辑器如 Word、UltraEdit、Windows 记事本都可以用来编辑 PHP 源代码，当然，还有专门的 PHP 开发工具，如 Zend Studio 等。

1.4.1　PHP 代码开发工具

　　常见的 PHP 代码开发工具有若干种，由于篇幅有限，在这里只介绍功能最强的两种：Zend Studio 和 DzSoft PHP Editer。Zend Studio 是最为优秀的 PHP 程序开发工具，其最新版本是 Zend Studio 7.1.1。Zend Studio 是 Zend Technologies 开发的 PHP 语言集成开发环境（Integrated Development Environment，IDE），它同时也支持 HTML 和 JavaScript 语言，但只对 PHP 语言提供调试支持。Zend Studio 7.1.1 具备功能强大的专业编辑工具和调试工具，支持 PHP 语法加亮显示，支持语法自动填充与提示功能，支持书签、语法自动缩排和代码复制功能，Zend Studio 7.1.1 内置一个强大的 PHP 代码调试工具，它可以在本地和远程两种调试模式下进行程序调试，其界面如图 1-19 所示。

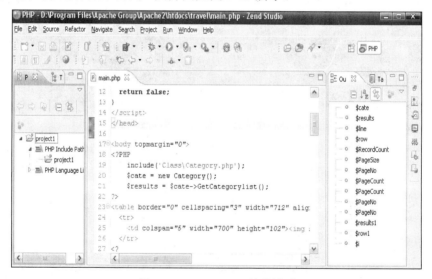

图 1-19　Zend Studio 软件界面

　　DzSoft PHP Editer 是一款 Windows 下优秀的 PHP 脚本集成开发环境。该软件是专为 PHP 设计的网页程序编辑软件，具有对 PHP 程序进行编辑、侦错、浏览、源代码检视、档案浏览、可自订的原始码样本等功能。与 Zend Studio 不同的是，DzSoft PHP Editer 无须架设网站服务器环境就可以测试由 PHP 指令码组成的 PHP 程序，总之，它是一套功能强大的 PHP 编程软件，其工作界面如图 1-20 所示。

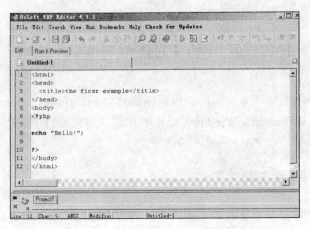

图 1-20　DzSoft PHP Editer 软件界面

1.4.2　网页设计工具

常用的网页设计工具软件包括 FrontPage 和 Dreamweaver 两种，二者都可以用于编辑 PHP 程序，在这里只介绍最为流行的 Dreamweaver 软件。作为网页设计三剑客之一的 Dreamweaver，已经占据了网站设计与开发的多数市场份额，用它可以轻而易举地制作出跨越平台限制和跨越浏览器限制的充满动感的网页，本书将在第 10 章中详细介绍利用 Dreamweaver 开发 PHP 动态网站的方法。Dreamweaver 的工作界面如图 1-21 所示。

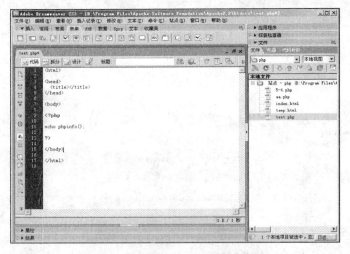

图 1-21　Dreamweaver 软件界面

1.4.3　文本编辑工具

在这里只介绍一种最常见的文本工具，即 Windows 自带的文本编辑工具 NotePad（记事本）。记事本占用内存极少，运行速度极快，但功能较简单。在使用记事本编写好程序存盘的时候应注意，在"文件名"文本框中手动输入文件名时，扩展名为".php"，保存类型应选择"所有文件"，如图 1-22 所示。

图 1-22　用记事本编写 PHP 代码并存储

1.5　本 章 小 结

本章首先介绍了 Web 的基本概念，接着介绍了 PHP 的概念、基本原理及其产生与发展过程，其中重点介绍了 Apache 服务器的安装与配置、PHP 的安装与配置以及 PHP 与 Apache 的关联等，最后介绍了 PHP 程序常用的编写工具。

1.6　练 习 题

1．简述 PHP 的概念及其发展历程。
2．简述 PHP 的特点。它与其他脚本语言有何区别？
3．举例说明如何实现 PHP 与 Apache 的关联。

1.7　上 机 实 战

要求读者根据本章所讲知识，试着将自己当前使用的计算机配置为 PHP 动态网站开发所需的环境，其步骤如下：

（1）从 Apache 官方网站上下载较新版本的 Apache 安装程序到本地机，然后在本地机上进行安装，同时正确配置服务器。

注意：要选择 Windows 安装版。

（2）下载合适版本的 PHP 安装程序（选择 Windows 安装版），然后进行安装。
（3）通过对 Apache 和 PHP 进行相关的配置，实现 PHP 与 Apache 的关联。
（4）在 HTML 标记语言的 BODY 标记部分嵌入代码：

```
<?php
echo phpinfo()
?>
```

以测试 PHP 程序开发环境是否组建成功并查看相关配置信息。

第 2 章　HTML 基础

知识点：

- ☑　HTML 文档的基本结构
- ☑　主要文本格式标记
- ☑　超链接标记
- ☑　图像标记
- ☑　表格标记
- ☑　表单标记
- ☑　在 HTML 中使用 PHP 代码

本章导读：

　　PHP 是一种嵌入在 HTML 代码中的脚本语言，它必须依赖于 HTML 才能存在。PHP 程序在服务器端执行，并将程序运行结果以 HTML 的形式连同其他的 HTML 一起发送给客户端，客户端用户再通过浏览器查看自己想要看到的信息。在学习 PHP 语言之前，有必要先介绍一下 HTML 基础知识，其中包括 HTML 文档的基本结构、各种文本格式标记、超链接标记以及表格标记等 HTML 中主要标记的使用方法，以便使广大读者尤其是初学者更容易理解本书后面章节的内容。

2.1　HTML 文档的基本结构

　　HTML 不像 C、Basic 之类的程序设计语言，它只是标记语言，基本上只要明白了各种标记的用法和含义就算学懂了 HTML。HTML 的任何标记都由 "<" 和 ">" 括起来，如 <html><i>。标记有单标记和双标记之分，超文本标记一般成对出现在文本中。双标记由始标记和尾标记两部分组成，在其中间可以放入要修饰或说明的各种内容，用带 "/" 的元素表示结束，如 <html> 和 </html>。只有始标记而没有尾标记的称为单标记，如
，表示在网页中引入一个换行符。标记的作用只是改变网页显示方式，其本身不在浏览器中显示。

2.1.1　HTML 文件结构

　　一个标准的 HTML 文件通常由 4 个主要的标记元素构成，其基本格式如下：

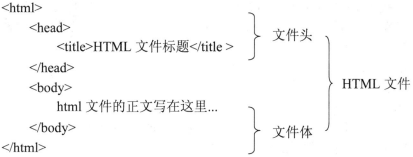

其中，<html></html>在最外层，用以表示这对标记间的内容是 HTML 文档。<html></html>标记有时会被省略，这是因为.html 或.htm 文件已被 Web 浏览器默认为是 HTML 文档。<head></head>之间包括文档的头部信息，如文档总标题等，若在实际应用中不需要此信息，可省略此标记。<body>标记一般不能省略，表示正文内容的开始。

2.1.2　标题标记及主体标记

标题标记<title>…</title>用于定义页面的标题，在浏览网页时其定义的文本内容将显示在浏览器的标题栏中。主体标记<body>…</body>用来指明文档的主体区域，网页要显示的信息都包括在这对标记中，其中，<body>标记表示主体区域的开始位置，</body>标记表示主体区域的结束位置。

2.2　文本格式标记

在 HTML 中，利用文本标记可以让文本和图像显示的更整齐、美观和有序。本节主要介绍一些常用的文本格式标记及其属性，学习后，读者可以掌握如何在网页中合理使用文本，并根据需要选择不同的显示效果。

2.2.1　标题字体标记

标题字体标记<hn></hn>是具有语义的标记，它指定浏览器在该标记对中显示一个标题，字体为黑色粗体。该标记可以用来定义第 n 号标题，其中n=1、2、3、4、5、6。n 的值越大，字越小，<h1>是最大的标题标记，而<h6>是最小的标题标记。标题标记有一个常用的属性，即 align，它可以设置该标记元素的内容在一行空间内的对齐方式：left 表示左对齐，right 表示右对齐，center 表示居中对齐。例如：

<h1> align ="center"本段文字居中对齐！

</h1>表示"本段文字居中对齐！"这一文本以一级标题格式，并按居中对齐的方式显示在网页上。

2.2.2　字体风格标记

字体风格标记<b><i><u><sup><sub><em><strong><big>主要用来对文字加粗、倾斜和

加下划线等。字体风格标记可以给普通的文本增添丰富的视觉效果，主要由以下标记来组成。

- □ <b>：表示粗体。例如，"<b>今天天气真好！</b>"将在网页上显示粗体文本"今天天气真好！"。
- □ <i>：表示斜体。
- □ <u>：表示在文字下面加下划线。
- □ <sup>：表示将文字上调半行。
- □ <sub>：表示将文字下调半行。例如，H₂O，将在浏览器中显示 H_2O；Y<sup>2<sup>，在浏览器只能够显示 Y^2。
- □ <em>：表示突出显示所定义范围内的文字。例如，<em>这是重点内容</em>。
- □ <strong>：表示强调所定义范围内的文字。例如，<strong>这是重点内容</strong>。
- □ <big>：表示大字体。例如，"<big>中国</big>"将在浏览器窗口中显示大字体的"中国"两个字。

2.2.3 字体标记

利用字体标记<font></font>可以改变文字的字体、字号和颜色，主要是通过对 face、size 和 color 3 个属性的不同设置来实现的。例如：

```
<font face="华文宋体"size="5" color="#000099"></font>
```

其中，face 用来定义文字的字体，size 用来定义字号大小，color 用来定义文本颜色。定义颜色时，可以用十六进制数来表示某种颜色，如"#000099"；也可以用 black、olive、teal、red、blue、maroon、navy、gray、lime、fuchsia、white、green、purple、silver、yellow、aqua 等预定义色彩来表示。例如，要在网页上显示白色字体，可以定义为：<font color="#ffffff">白色字体</font>，也可以是：<font color=white>白色字体</font>。这两条语句的功能完全一样，只是使用的方法不同。

2.2.4 字段落标记与换行标记

在网页中显示多行文本时，往往要根据内容进行分段或换行。在 HTML 中，分段和换行的标记分别是段标记<p></p>和换行标记
。

1．段（Paragraph）标记<p></p>

该标记的作用是在其所在位置对文本进行分段。例如，在 HTML 文件的文件体部分加入代码"你好吗？<p>很好</p>"，其网页效果如图 2-1 所示。

📢 注意：在两行文字之间空了一行。

2．换行标记

该标记的作用是在其所在位置进行强制换行。同样，在 HTML 文件的文件体部分加入代码"你好吗？
很好"，其网页效果如图 2-2 所示。请仔细区分图 2-1 与图 2-2 中网页的差别。

图 2-1　<p></p>标记的应用　　　　　　　图 2-2　
标记的应用

2.2.5　列表标记

为了合理地组织文本或其他对象，网页中常常要用到列表。在 HTML 中，可以使用的列表标记包括无序列表标记<ul></ul>、有序列表标记<ol></ol>以及自定义列表标记<dl></dl> 3 种，每个列表都包含若干个列表项。

无序列表标记的语法为：<ul><li>…</ul>。例如：

```
<ul>
    <li>Today
    <li>Tommorow
</ul>
```

有序列表标记的语法为：<ol><li>…</ol>。例如：

```
<ol>
    <li>Today
    <li>Tommorow
</ol>
```

两种列表标记使用效果的差别如图 2-3 所示。

（a）无序列表标记的应用　　　　　　　　（b）有序列表标记的应用

图 2-3　无序列表与有序列表标记的使用效果

自定义列表标记的语法为：<dl><dt></dt><dd></dd></dl>。其中，<dl></dl>是自定义列表的起止标记，<dt></dt>用于定义自定义列表的标题，<dd></dd>用于定义列表中的具体各项。例如：

```
<dl>
    <dt>湖南城市</dt>
```

```
        <dd>长沙</dd>
        <dd>衡阳</dd>
        <dd>常德</dd>
</dl>
<dl>
    <dt>湖北城市</dt>
        <dd>武汉</dd>
        <dd>襄樊</dd>
        <dd>宜昌</dd>
</dl>
```

网页实际的运行效果如图 2-4 所示。

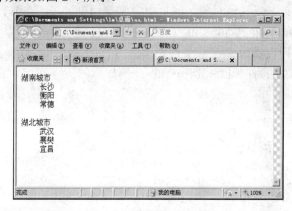

图 2-4　列表标记的举例

2.2.6　水平线标记

水平线标记<hr/>是一个很单一的标记，用来在网页中插入一条水平线。例如：

```
<hr size="3" width="85%" noshade="noshade" />
```

其中，size 用来设置水平线的粗细；noshade 用来设置水平线是否具有阴影效果，其默认值为 noshade，即没有阴影效果。

2.2.7　转义字符与其他特殊符号

在 HTML 代码中，文本中的有些符号（如空格、大于号等）是不会显示在浏览器中的。因此，在需要显示它们的时候，就必须在源代码中输入它们对应的特殊字符。这些特殊字符可以分为 3 类。

1．特殊字符

有些符号是无法用键盘直接输入的，因此需要在 HTML 源代码中用特殊的字符来表示，如版权符号©，需要在源代码中用"©"来代替，还有如"±"用"±"来代替，"÷"用"&divide"来代替，"‰"用"&#8240"来代替等。

2．转义字符

由于在 HTML 标记中已经使用了大于号和小于号，因此在 HTML 代码中若再出现">"、
"<"，就会被认为是普通的大于号或小于号。如果要显示"5>3"这样一个不等式，则需
要用">"代表符号">"，用"<"代表符号"<"来实现。例如：

```
<p>a&gt;b&divide;3</p>                    <!--在浏览器中显示"a>b÷3"-->
<p>a&lt;|&plusmn;b|</p>                   <!--在浏览器中显示"a<|±x|"-->
<p align="center">网站版权所有者&copy；公司</p>   <!--在浏览器中显示版权信息-->
```

📢 注意：在上述语句的末尾处有<!--***-->，它是 HTML 代码的注释语句，浏览器不会执
　　　行这些语句。

3．空格符号

在 HTML 代码中，文字与文字之间只允许空一个空格。如果超过一个空格，那么从第
二个空格开始，之后所有的空格都会被忽略掉。如果需要在某处使用多个空格，就需要使
用代表空格的特殊符号" "来代替。一个" "代表一个半角的空格，如果输
入多个空格，可以多次输入" "。

2.3　超链接标记

链接是网页最主要的特点，也是非常重要的工具。用户之所以能通过互联网方便地浏
览大量的信息资源，原因就在于网站的网页中存在着大量的超链接。

2.3.1　链接的定义

链接的源对象是指可以设置链接的网页对象，主要有文本、图像或文本图像的混合体。
它们对应<a>标记所显示的内容。其语法格式如下：
　　<a href="url" title = "鼠标悬停在超链接上时显示的文字注释">链接显示内容</a>
其中，href 用来指定这个链接所要打开的文件路径；title 用来让鼠标悬停在超链接上
时，显示该超链接的文字注释。链接显示内容可以是普通文本，也可以是一副图片或图片
与文字的混合体。

2.3.2　超链接的种类

网页中超链接的种类有很多，如文件链接、电子邮件链接、锚链接等。定义不同链接
时，只需要将 href 属性设置为相应的内容即可。

1．文件链接

文件链接是指链接到其他网页或文件。定义文件链接的方法如下。

❑ 外部链接：<a href="http://www.cec.edu.cn/index.html">某学院校园网首页</a>

❑ 内部链接：<a href="../index.html">返回到首页</a>

❑ 下载链接：<a href="document/word 文档.doc">单击下载</a>

2. 电子邮件链接

网站中，经常会看到标注"联系我们"字样的超链接。单击这个超链接，就会触发邮件客户端，如触发 Outlook Express 程序，然后显示一个新建 E-mail 的窗口。用<a>可以实现这样的功能：

```
<a href = "mailto:mailzjld@cec.edu.cn">联系我们</a>
```

3. 锚链接

当网页内容很长，需要进行页内跳转链接时，就需要定义锚点和锚点链接，锚点可以使用 name 属性或 id 属性定义。如：

```
<a name="C1">第一章</a>          <--定义锚点-->
<a href="#C1">参见第一章</a>   <--页内跳转链接，链接到锚点第一章处-->
```

2.4 图 像 标 记

网页中，图像可以更直接地表现主题，凭借图像的意境使浏览者印象深刻。用标记<img>可以在 HTML 里面插入一张图片，其基本语法格式如下：

<img src="url">

其中，url 表示图片的路径和文件名。如 url 可以是"images/logo/blabla_logo01.gif"，也可以是一个相对路径，如"../images/logo/blabla_logo01.gif"。

2.4.1 图像的基本格式

网页中的图像文件可以是 JPG 格式、GIF 格式或 PNG 格式，它们都是压缩形式的图像格式，体积比位图格式的图像小，比较适合于网络传输。下面分别简单介绍这 3 种图像格式。

1. GIF 图片

GIF（Graphics Interchange Format）图片的扩展名是.gif。现在所有的图形浏览器都支持 GIF 格式，有的图形浏览器只能识别 GIF 格式。GIF 是一种索引颜色格式，在颜色数很少的情况下，产生的文件极小，它的优点主要有：

❑ 支持透明背景。如果 GIF 图片背景色设置为透明，它将与浏览器背景相结合，生成非矩形的图片。

❑ 支持动画。在 Flash 动画出现之前，GIF 动画可以说是网页中唯一的动画形式。GIF 格式可以将单帧的图像组合起来，然后轮流播放每一帧而成为动画。

❑ 支持图形渐进。渐进即图片渐渐显示在屏幕上，渐进图片将比非渐进图片更快地显示在屏幕上，可以让访问者更快地知道图片的概貌。

❑ 支持无损压缩。无损压缩是不损失图片细节而压缩图片的有效方法，由于 GIF 格式采用无损压缩，所以它更适合于线条、图标和图纸。

当然，GIF 格式的缺点同样相当明显：它只有 256 种颜色，这对于要求高质量的图片显然是不够的。

2．JPG 图片

JPG（Joint Photograhic Experts Group，联合图像专家组）的优点是能支持上百万种颜色，可以表示出自然界中几乎所有的颜色。JPG 图片使用了有损压缩算法，放弃了图像中的某些细节，因此其文件较小，下载时间较短。而且，从浏览角度来讲，图像质量受损不会太大，这样就大大提高了网络传输和磁盘交换文件的速度。

但是从长远来看，JPG 随着带宽的不断提高和存储介质的发展，它也应该是一种被淘汰的图片格式。有损压缩会对图像产生不可恢复的损失，所以经过压缩的 JPG 图片一般不适合打印。另外，JPG 也不像 GIF 图像那么灵活，它不支持图形渐进和透明背景，更不支持动画。

3．PNG 图片

PNG（Portable Network Graphic Format，流式网络图形格式）是 20 世纪 90 年代中期出现的图像文件存储格式，其主要用于替代 GIF 和 TIFF 文件格式，同时兼有 GIF 文件格式所不具备的一些特性。PNG 采用位图文件（Bitmap File）存储格式，用来存储灰度图像时，灰度图像的深度可达 16 位；存储彩色图像时，彩色图像的深度可达 48 位。

在 PNG 格式的图像文件中，增加了下列 GIF 格式图像文件所没有的特性：

❑ 每个像素为 48 位的真彩色图像。

❑ 每个像素为 16 位的灰度图像。

❑ 可为灰度图和真彩色图添加 α 通道。

❑ 添加图像的 γ 信息。

❑ 使用循环冗余码检测损害的文件。

❑ 加快图像显示的逐次逼近显示方式。

❑ 标准的读/写工具包。

2.4.2　图像的对齐方式

<img>标记的对齐方式可以通过 align 属性来设置，其不同的取值一共有 9 种，其中实现图片和文本混排的有"左对齐"、"右对齐"及"居中对齐"。例如：

```
<img src = "../images/html_tutorials/smile.jpg" align="left"/>
```

此标记表示按照 src 指定的路径来引用名为 smile.jpg 的图片，并且按居中对齐的方式显示。

2.4.3 图像的大小

在默认状况下，图片显示原有的大小，用户可以用 height 和 width 属性改变图片的大小。例如：

```
<img src="Previous.gif" width="14" height="13" align="left"/>
```

不过，图片的大小一旦被改变，图片实际显示的尺寸也会发生改变，最终效果可能会很难看。同时，由于图片相对文字来说，所占的字节数较多，如一个全屏的图片，经过压缩后，也要占去大约 50KB 的存储容量，这相当于一个 25000 字纯文本文本的大小，所以在网页中插入过多的图像时，浏览网页会变得很慢，一般情况下，建议读者在一个 HTML文件中不要包含过多的图片，否则会影响网页的显示速度。

2.5 表格标记

表格在网页中的应用非常广泛，可以用来对整个页面进行精心布局，使页面变得井然有序。所以，表格的相关语法在 HTML 中是非常重要的一部分。

2.5.1 表格定义标记

使用好表格可以提高网页设计的工作效率，下面简单来讲解一下 HTML 中定义表格的相关语法格式。

```
<table>
<tr>  <--定义表行-->
<th> 表头内容 </th>
<td>表格具体单元格内的数据</td> <--定义表格单元格-->
<td>  …    </td>
</tr> <--行定义结束-->
</table>  <--定义表格结束-->
```

将以上代码加入 HTML 文档的文件体并保存后，用 IE 浏览器打开此文档，将在浏览器窗口中显示如图 2-5 所示的页面。

图 2-5　HTML 文档中的表格

1．设置表格边框格式

定义表格边框格式的语法格式为：< table border=# >。其中，"#"为整数，用于设置表格的边框大小，它以像素为单位。下面仍以图 2-5 中的网页为例来讲解表格边框的设置。下面的代码将创建一个边框为 12 像素的表格。

```
<table border=12 cellspacing=1 cellpadding=2   width="80%" >
<thead >
    <tr> <th>股票名称</th><th>最高价</th><th>最低价</th><th>收盘价</th> </tr>
</thead>
    <tr> <td>ABCD</td><td>87.625</td><td>85.50</td><td>85.00</td></tr>
    <tr> <td>EFGH</td><td>101.00</td><td>97.50</td><td>100.00</td></tr>
    <tr> <td>IJKL</td><td>56.00</td><td>54.50</td><td>55.00</td></tr>
    <tr> <td>MNOP</td><td>71.00</td><td>69.00</td><td>69.10</td></tr>
</table>
```

其中，<thead >、</thead>标记和<th>、</th>标记分别用来定义表头和表尾。保存该文档后，用 IE 浏览器打开此文档，将显示如图 2-6 所示的页面。

2．定义表格的长宽

设置表格长宽的语法格式为：< table border width=# height=#>。其中，"#"为整数。例如，用下列语句可以创建一个高为 350 像素、宽为 100 像素的表格。

```
<table cellspacing=1 cellpadding=2 width="350" height="100" border=1 >
    <tr><td>公司名称</td><td>地址</td><td>签约时间</td></tr>
    <tr><td>company1</td><td>四川成都</td><td>半年</td></tr>
    <tr><td>company2</td><td>江苏南京</td><td>未签约</td></tr>
    <tr><td>company3</td><td>浙江杭州</td><td>2 年</td></tr>
    <tr><td>company4</td><td>广东深圳</td><td>1 年</td></tr>
</table>
```

执行以上代码，则可在网页中创建一个如图 2-7 所示的表格。

图 2-6　设置表格的边框

图 2-7　设置表格的长宽

通过这个实例，顺便讲述一下关于设置表元（即单元格）间隙和内部间隙的语法，其格式为：<table cellspacing=#　cellpadding=# >。同样，"#"表示整数。如在本例中，编者设计的是<table cellspacing=1 cellpadding=2 >。

3．创建跨多列的单元格

创建跨多列单元格的语法格式为：<td colspn=#>。其中，"#"表示单元格所跨的列数。例如，用下列语句可以建立一个首行跨多列的表格。

```
<table cellspacing=1 cellpadding=2 width="350" height="100" border=1 >
    <tr><td colspan=3>毕业生就业情况统计</td></tr>
    <tr><td>公司名称</td><td>地址</td><td>签约时间</td></tr>
    <tr><td>company1</td><td>四川成都</td><td>半年</td></tr>
    <tr><td>company2</td><td>江苏南京</td><td>未签约</td></tr>
    <tr><td>company3</td><td>浙江杭州</td><td>2 年</td></tr>
    <tr><td>company4</td><td>广东深圳</td><td>1 年</td></tr>
</table>
```

执行以上代码，则可在网页中创建一个如图 2-8 所示的表格。

4．创建跨多行的单元格

在 HTML 中同样能创建跨多行的单元格，其语法格式式为：<td rowspan=#>。其中，"#"为整数，表示要跨的行数。例如，用以下语句可以创建一个既存在跨多行的单元格、又存在跨多列的单元格的表格。

```
<table cellspacing=1 cellpadding=2 width="350" height="100" border=1 >
    <tr><td colspan=4 align="center">毕业生就业情况统计</td></tr>
    <tr><td>系别</td><td>公司名称</td><td>地址</td><td>签约时间</td></tr>
    <tr><td rowspan=4>机械系</td><td>company1</td><td>四川成都</td><td>半年
    </td></tr>
    <tr><td>company2</td><td>江苏南京</td><td>未签约</td></tr>
    <tr><td>company3</td><td>浙江杭州</td><td>2 年</td></tr>
    <tr><td>company4</td><td>广东深圳</td><td>1 年</td></tr>
</table>
```

执行以上代码，则可在网页中创建一个如图 2-9 所示的表格。

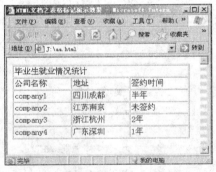

图 2-8　设置跨多列的单元格

图 2-9　设置跨多行的单元格

5．设置表格的标题

表格的标题表明整个表格的主题，其语法格式为：<caption align=#>…</caption>。其中，"#"可以是 left、center、right、top 和 bottom。例如，通过下列语句可以创建一个带标题的表格。

```
<table cellspacing=1 cellpadding=2 width=300 height="100" border=1 align= center >
    <caption align="center">【毕业生就业情况统计】<<caption>
    <tr><td>系别</td><td>公司名称</td><td>地址</td><td>签约时间</td></tr>
    <tr><td rowspan=4>机械系</td><td>company1</td><td>四川成都</td><td>半年
</td></tr>
    <tr><td>company2</td><td>江苏南京</td><td>未签约</td></tr>
    <tr><td>company3</td><td>浙江杭州</td><td>2 年</td></tr>
    <tr><td>company4</td><td>广东深圳</td><td>1 年</td></tr>
</table>
```

执行以上代码，则可在网页中创建一个如图 2-10 所示的表格。

注意： 图 2-10 中的表与图 2-9 中表格的差别是"毕业生就业情况统计"并没有显示在
表格的某个单元格内。

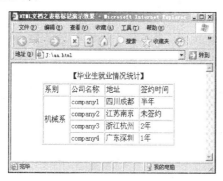

图 2-10　在 HTML 文档中设置表格的标题

2.5.2　表格体标记

tbody 是在 table 中使用的，用来指明将它包括的各表格行作为表格的主体部分。使用
<tbody>标记的好处是：如果表格中的内容很多，如有上百行的数据记录，浏览器默认情况
下会将所有的数据下载完之后再显示整个表格，但添加了<tbody>标记后，浏览器会分行进
行显示，即每下载一行数据就立即显示一行，因此能加快大型表格的显示速度。使用<tbody>
标记，可以将表格划分为一个个单独的部分，即可将表格中的一行或几行合成一组分别进行
显示。例如：

```
<table width="423" border="0" cellspacing="0" cellpadding="0">
    <tbody bgcolor="#00CCFF">
    <tr>
        <td width="204">单元格数据 1</td>
        <td width="219">单元格数据 2</td>
    </tr>
    <tr>
        <td>单元格数据 3</td>
        <td>单元格数据 4</td>
```

```
    </tr>
    <tr>
        <td>单元格数据 5</td>
        <td>单元格数据 6</td>
    </tr>
    </tbody>
</table>
```

2.6　表单标记

HTML 表单（Form）是 HTML 的一个重要部分，主要用于采集和提交用户输入的信息。它是服务器端程序处理客户端用户提交的各类信息的主要工具，也是一类重要的网页元素。下面介绍 HTML 中与表单相关的语法。

2.6.1　表单的定义语法

表单的基本语法如下：

<form action="url" method=*>...

...

<input type=submit>

<input type=reset>

</form>

其中，url 表示处理该表单的文件路径，*表示处理表单信息的方式，主要有 GET 和 POST 两种。GET 的方式是将表单控件的 name/value 信息经过编码之后，通过 URL 发送，可以在地址栏中看到。而 POST 则是将表单中的内容通过 HTTP 发送，在地址栏中看不到表单的提交信息。那什么时候用 GET，什么时候用 POST 呢？一般是这样来判断的：如果只是为了取得和显示数据，可以用 GET；如果涉及数据的安全、保存和更新，那么建议用 POST。表单中提供给用户的输入形式为：<input type=* name=** value=***>。其中，*表示表单元素类型，主要有 text、password、checkbox、radio、image、hidden、submit 和 reset，其中设置为 submit 时，显示的是"提交"按钮，设置为 reset 时，显示的是"重置"按钮；**表示用户为该表单元素定义的名称，该名称的定义要符合 CGI 标准；***表示用户为表单元素预定义的值。下面详细介绍表单中的常见元素及其具体功能。

2.6.2　在文本框中输入文字和密码

文本域<input type="text" />用于在表单上创建单行文本输入区域即普通文本框。创建文本框相应的语法格式为：<input type="text" name=" " value=" ">。

密码域的定义与文本域的定义基本相同，只是向文本框输入数据时，其数据以圆点显示。创建密码域相应的语法格式为：<input type=" password "　name= " " 。例如，通过下面的语句可以创建两个文本域和一个密码域。

```
<form action="cgi-bin/post-query" method=POST>
您的姓名：
<input type=text name=姓名><br>
您的主页：
<input type=text name=网址  value=http://><br>
您的密码：
<input type=password name=密码><br>
<input type=submit value="发送"><input type=reset value="重设">
</form>
```

保存该 HTML 文档并用 IE 浏览器打开，则用户可在 IE 窗口中查看如图 2-11 所示的表单。

图 2-11　含有文本框和密码域的表单实例

2.6.3　复选框和单选按钮

定义复选框（CheckBox）的语法格式为：<input type=checkbox name=…value=…>。描述复选框被选中的语法格式为：<input type=checkbox name value=…checked>。例如：

```
<form action="cgi-bin/post-query" method=POST>
    <input type=checkbox name=商品 1>
        罐头<p>
    <input type=checkbox name=商品 2 checked>
        香蕉<p>
    <input type=checkbox name=商品 3 value=book>
        书籍<p>
    <input type=submit><input type=reset>
</form>
```

保存该 HTML 文档并用 IE 浏览器打开，则用户可在 IE 窗口中查看如图 2-12 所示的表单。

定义单选按钮（RadioButton）的相应语法格式为：<input type=radio name=…value=…>。描述单选按钮被选中的语法格式为：<input type=radio name value=…checked>。例如：

```
<form action="cgi-bin/post-query"   method=POST>
    <input type=radio name=水果>
        香蕉<p>
    <input type=radio name=水果  checked>
        苹果<p>
    <input type=radio name=水果  value=橙子>
        橙子<p>
    <input type=submit><input type=reset>
</form>
```

保存该 HTML 文档并用 IE 浏览器打开,则用户可在 IE 窗口中查看如图 2-13 所示的表单。

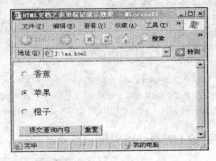

图 2-12 含有复选框的表单实例   图 2-13 含有单选按钮的表单实例

2.6.4 列表框

定义列表框(Selectable Menu)的基本语法格式如下:

```
<select name=…>
    <option value=…>…
    <option value=…>…
</select>
```

描述列表框中某项被选中的语法格式如下:

```
<option value =…selected>…
```

例如,通过下列代码可以创建一个列表框。

```
<form action="bin/post-query" method=POST>
    您所到过的国家: <p>
    <select name=nation >
        <option>美国
        <option selected>英国
        <option value=My_Favorite>日本
        <option>加拿大
    </select>
    <input type=submit><input type=reset>
</form>
```

保存该 HTML 文档并用 IE 浏览器打开,则用户可在 IE 窗口中查看如图 2-14 所示的表单。

如果在<select>标记中添加属性 multiple,则可以创建一个允许选择多个选项的下拉列表。

例如,在下列代码中,语句<select name=fruits size=3 multiple>表示同时可以选择 3 个选项。

```
<form action="bin/post-query" method=POST>
    您所到过的国家: <p>
    <select name=nation size=3 multiple>
        <option>美国
        <option selected>英国
        <option value=My_pscontry>日本
        <option>加拿大
    </select>
```

```
    <input type=submit><input type=reset>
</form>
```

保存该 HTML 文档并用 IE 浏览器打开,则用户可在 IE 窗口中查看如图 2-15 所示的表单。

注意:若要选择多个选项,则应先按住 Crtl 键再分别单击所要选择的选项。

图 2-14　含有列表框的表单实例

图 2-15　可多选的列表框的表单实例

2.6.5　文本区域

文本区域(textarea)的语法格式如下:

<textarea name=…rows=* cols=**>…</textarea>

其中,*和**取整数,rows 表示文本区的行数,cols 表示文本区的列数。例如,通过下列代码可以创建一个 5 行 60 列的文本区域。

```
<form action="cgi-bin/post-query" method=POST>
    <textarea name=comment rows=5 cols=60>
    </textarea>
    <p>
    <input type=submit><input type=reset>
</form>
```

执行以上代码后将在浏览器窗口中看到如图 2-16 所示的页面。

图 2-16　含有文本区域的表单实例

2.6.6　表单中的按钮

在表单中,可以用 input 标记创建按钮。将 input 标记的 type 属性设置为 submit,可以创建一个提交按钮;将 type 属性设置为 image,可以创建一个图像按钮,用来提交表单数据;将 type 属性设置为 reset,可以创建一个重置按钮;当设置 type 属性为 button 时,则可以定义一个普通按钮。为方便读者掌握以上 4 种按钮形式，在表 2-1 中将以上按钮的定义做了一个总结。

表 2-1　用 type 属性定义不同的按钮

type 属性类型	功　能	作　用
<input type="submit"/>	提交按钮	提交表单信息
<input type="image"/>	图像按钮	用图像做的提交按钮，用于提交表单信息
<input type="reset"/>	重置按钮	将表单中的用户输入信息清空
<input type="button"/>	普通按钮	需要配合 JavaScript 脚本使其具有相应的功能

2.6.7　隐藏表单的元素

隐藏表单元素的语法格式为：<input type=hidden value=*>，其功能是在浏览网页时使浏览器不显示这个表单字段元素，但在提交表单时将这个隐藏表单元素的 name 属性和 value 属性值发送给服务器。例如，有以下程序：

```
<form action="/cgi-bin/post-query"  method=POST>
    <input type=hidden name=add value=hoge@hoge.jp>
    这里是一个隐藏表单元素<p>
    <input type=submit><input type=reset>
</form>
```

执行以上代码后，将在浏览器窗口中看到如图 2-17 所示的页面。

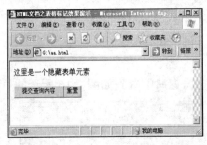

图 2-17　隐藏表单元素的实例

2.7　在 HTML 中嵌入 PHP 代码

PHP 代码和 HTML 代码在语法和编译解释方式上各不相同，所以当需要在 HTML 代码中嵌入 PHP 代码时，要特别加入 PHP 定界符。PHP 定界符有以下 4 种形式。

（1）<?php…?>

这是 PHP 定界符的标准形式，建议读者使用这种形式。例如：

```
<?php
echo "您好！";
?>
```

（2）<?…?>

这是 PHP 定界符的简写形式。在使用这种定界符前，必须在配置文件 php.ini 中设置 short_open_tag = On，然后重新启动 Apache 服务器，使设置生效。

（3）<script language="php">…</script>

这种形式提供脚本引入，其作用是指定 PHP 编译器来解释<script>与</script>之间的脚本程序。例如：

```
<script language="php">
$a="您好！";
echo $a;
</script>
```

（4）<%…%>

这种形式是 ASP 语言的定界符。如果要在 PHP 文件中使用这种形式的定界符，必须在配置文件 php.ini 中设置 asp_tags = On，然后重新启动 Apache 服务器，使其设置生效。

2.8　案例剖析：制作网上问卷调查表单

在网上进行问卷调查，是互联网时代一种比较流行和快捷的问卷调查形式，不但可以提高调查的工作效率，保证调查的准确性，还可以大大降低调查所需的运行成本。下面通过一个实例来说明如何利用表单及其他 HTML 标记制作表单。

2.8.1　程序功能介绍

本程序要实现的主要功能是利用表单获取广大读者对某图书的反馈意见。该问卷分为若干个调查项目，读者可通过填写网页上呈现的相关表单项参与问卷调查，其网页运行的实际效果如图 2-18 所示。

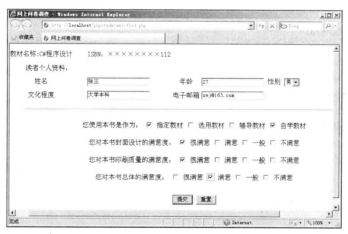

图 2-18　网上问卷调查表

2.9　本章小结

本章主要介绍了 HTML 标记语言的基础知识，着重讲述了表格标记语言、表单标记语言、文本格式标记语言和超链接标记等，这些都是构成网页的主要元素。

2.10　练习题

1. 网页中能够支持的图像格式有哪些？它们有什么特点？
2. 简述一个表单至少应由哪几个部分组成。
3. 什么是 HTML 语言？请写出一个完整的 HTML 文档的基本结构。
4. 文本对齐属性 align，其主要取值有哪些？分别代表什么含义？

2.11　上机实战

利用 HTML 相关标记，制作一个网站登录页面，其效果如图 2-19 所示。

图 2-19　网站用户登录页面

第 3 章　PHP 的基本语法

知识点：

- ☑ PHP 语法的总体特点
- ☑ PHP 中的数据类型
- ☑ PHP 的常量与变量
- ☑ PHP 中的运算符和表达式
- ☑ PHP 程序的主要流程控制

本章导读：

PHP 是一种嵌入在 HTML 代码中的脚本语言，它由服务器负责解释，具有自己的语法结构。它可以用于管理动态内容、支持数据库、处理会话跟踪，甚至构建整个电子商务站点。PHP 支持许多流行、非流行的数据库，包括 MySQL、PostgreSQL、Oracle、Sybase、Informix 和 Microsoft SQL Server。本章主要介绍如何在 Windows 系统平台上开发 PHP 程序以及如何在 HTML 网页中加入合法的 PHP 程序代码。

3.1　PHP 语法综述

PHP 之所以能在短短的十几年里得到迅速发展，用户遍及全球，被数以亿计的程序开发人员所推崇，这与 PHP 与生俱来的语法特点和优势是分不开的。

3.1.1　PHP 程序语言的特点

PHP 的大多数语法来源于 C，也有一部分 PHP 特性借鉴了 Java 和 Perl。PHP 程序语言最初发明者的初衷，是让 Web 开发人员能够快速、高效地写出动态页面数据库设计的内容。PHP 不仅拥有其他同类脚本所共有的功能，更有着它自身的特点，其独特之处主要表现在以下几点：

- ❑ 代码完全开放。所有的 PHP 程序代码都可以免费、自由地交流。在互联网上，所有 PHP 用户都可以得到大量符合自己需求的 PHP 源程序。
- ❑ 完全免费。使用 PHP 开发相关的 Web 应用程序无需支付任何费用。
- ❑ 功能强大。PHP 几乎无所不能，具体到 Web 开发上，PHP 能完成任何一款服务器端程序所能完成的工作，如收集表单数据、生成动态网页、发送/接收 Cookies 等。当然，PHP 强大的功能远不局限于此。
- ❑ 语法结构简单。PHP 结合了 C 语言和 Perl 语言的特色，坚持以基础语言开发程序，所编写的程序更简单易懂。对于众多以前接触过 C 语言的用户来说，只需了解 PHP

的基本语法,然后掌握一些 PHP 独有的函数,就能轻松地进入 PHP 程序设计殿堂。
- □ 强大的数据库支持。PHP 几乎支持所有主流、非主流的数据库,如 MySQL、Microsoft SQL Server、Orcale、Dbase、Sybase、Informix、InterBase 和 Access 等。
- □ 代码执行效率高。与其他同类 CGI 比较,PHP 消耗的系统资源更少,如果用户采用 Apache 作为服务器,则服务器系统可以只负责脚本解释,无需承担其他额外的任务。
- □ 面向对象编程。PHP 提供了类和对象,基于 Web 的编程工作需要面向对象编程能力。PHP 支持构造器、提取类等。

3.1.2 PHP 无可比拟的优势

任何使用过命令式程序设计语言的用户都会对 PHP 非常熟悉,如使用过 C 或者 Perl 等具有类似风格和语法结构的用户,一般能够很快上手 PHP。尽管 PHP 的初衷是用于 Web 设计,但是它也能够作为命令行语言使用。

PHP 可以帮助网站开发人员为网站的访问者提供本地化的服务。当远端用户单击进入网站时,网站会根据远端用户各自浏览器的设置自动地以其母语向其提供页面。如果被请求的语言文件存在,那么用户所看到的文本就是其母语;如果语言文件不存在,那么文本就是默认的英语或者 Web 开发人员指定的其他语言。

PHP 可与 Apache 自然结合,作为一个模块编译成 Apache 二进制文件。由于 Apache 能够运行在 Windows、Linux、Solaris 和其他各种操作系统平台上,因此,单就这一方面优势来说,其他 Web 编程语言就无法与 PHP 相比拟。此外,利用 Apache 构建的 Web 服务器还有跟踪记录的功能,因此其安全性能够保持在最高的优先级上。从这个角度来说,ASP.NET 或 ASP 默认的运行平台 IIS 是无法与 PHP 相比拟。最后,PHP 拥有更小的代码路径,这意味着减少了分析和执行 PHP 页面服务器端代码的时间,因此运行更加迅速。

下面,通过表 3-1 来总结一下 PHP 与其他 Web 编程语言相比,其优势所在。

表 3-1　PHP 与其他 Web 语言的比较

指标性能 ＼ 语言	PHP	ASP	ASP.NET	JSP	CGI
操作系统	均可	Windows	Windows	均可	均可
Web 服务器	多种	IIS	IIS	多种	均可
代码执行效率	快	快	一般	极快	慢
稳定性	佳	中等	中等	佳	差
开发时间	短	短	短	较长	长
程序语言	PHP	VB	VB、C#、C++	Java	不限
网页结合	佳	佳	佳	差	差
学习门槛	低	低	较高	高	高
函数支持	多	少	少	多	不定
系统安全	佳	差	差	佳	佳
升级速度	快	慢	慢	较慢	无

3.2　数　据　类　型

PHP 共有 8 种数据类型：布尔、整数、浮点数、字符串、数组、对象、资源和 NULL。

3.2.1　布尔数据类型

布尔数据类型只有 TRUE 与 FALSE 两个值，且不区分大小写，即可以写成 true 与 false，或是 True 与 False。

例如，下列代码声明了变量$x、$y 与 $z 的数据类型是布尔值 TRUE。

```
<html>
<head>
<title></title>
</head>
<body>
$x = True;
$y = True;
$z = true;
echo "x = $x, y = $y, z = $z";
</body>
</html>
```

如图 3-1 所示，在 HTML 语言中嵌入以上语句，并保存为 PHP 文件到网站主目录中，通过浏览器可查看程序运行结果如图 3-2 所示。

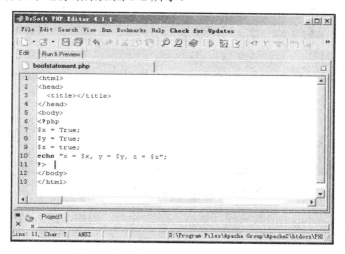

图 3-1　在 HTML 文档中插入 PHP 代码

注意：在将 PHP 源代码嵌入到 HTML 文档中时，一定要将其插入到 HTML 文档的主体，即 body 部分内。为了节约篇幅，在本书后面介绍的源代码示例中将省去 HTML 代码部分，而直接罗列 PHP 源代码。

下列代码声明了变量$x、$y 与$z 的数据类型是布尔值 FALSE。

```
$x = False;
$y = False;
$z = False;
echo "x = $x, y = $y, z = $z";
```

在 HTML 语言中嵌入以上语句，并保存为 PHP 文件后，在浏览器中查看的程序运行结果如图 3-3 所示。

图 3-2　布尔数据类型的举例（1）　　　　图 3-3　布尔数据类型的举例（2）

如果要将其他的数据类型转换成布尔数据类型，需要在前面加上(bool)或是(boolean)。例如：

```
$a = 100;
$b = 0;
echo "a = ", (bool)$a, ", b = ", (Boolean)$b;
```

在 HTML 语言中嵌入以上语句，并保存为 PHP 文件后，在浏览器中查看的程序运行结果如图 3-4 所示。

图 3-4　布尔数据类型的举例（3）

用户可以使用 gettype()函数来返回数据类型的种类。例如，在 HTML 语言中嵌入以下PHP 代码：

```
$a = 187;
$b = 0;
echo "a 的数据类型是 ：", gettype($a);
echo "<br />";
echo "a 的数据类型是 ：", gettype((bool)$a);
```

```
echo "<br />";
echo "b 的数据类型是 : ", gettype($b);
echo "<br />";
echo "b 的数据类型是 : ", gettype((Boolean)$b);
```

在浏览器中查看程序运行结果如图 3-5 所示。

图 3-5　用 gettype()函数返回数据类型

如果要将其他的数据形态转换成布尔数据类型，下列数值被认为是布尔值 FALSE。

❑　布尔值 FALSE 本身。

❑　整数 0。

❑　浮点数 0.0。

❑　空字符串以及字符串 "0"。

❑　没有元素的数组。

❑　没有成员变量的对象。

❑　特殊的数据类型 NULL（包含未设置的变量）。

❑　除了 0 以外的数字都被认为是布尔值 TRUE，包含负数。

3.2.2　整数数据类型

整数可以使用十进制、八进制或是十六进制来表示，有效范围视操作系统而定。在 Windows 操作系统中，有效范围是-2147483648～2147483647。

（1）八进制的整数以 0 开头，例如：$x = 0123$。

（2）十六进制的整数以 0x 开头，例如：$x = 0x1E$。

（3）如果要显示的数字超出了整数数据类型的有效范围，PHP 会使用浮点数进行表示。例如：

```
$x = 2147483647;
echo "没有超过整数数据类型的范围，x 的数据类型是：", gettype($x),,"<br>";
$x = 2147483648;
echo "超过整数数据类型的范围，x 的数据类型是：," gettype($x);
```

在浏览器中查看以上代码输出结果，如图 3-6 所示。

图 3-6 整数数据类型的举例

（4）如果要将其他的数据类型转换成整数数据类型，在前面加上(int)或(integer)。

（5）下列代码将布尔数据类型转换成整数数据类型。

```php
$x = TRUE;
$y = FALSE;
echo "x = ", (int)$x, ", y = ", (integer)$y;
```

浏览器的输出为：x = 1, y = 0。

（6）下列代码将浮点数数据类型转换成整数数据类型。

```php
$x = 2.342;
$y = pow(2, 32);
echo "x = ", (int)$x, ", y = ", (integer)$y;
```

浏览器的输出为：x = 2, y = 0。

注意：$y=pow(2, 32)$的数值超出了整数数据类型能够显示的范围（通常是$\pm2.15E+9= 2^{31}$），所得到的结果是无法预测的，且 PHP 不会显示警告或错误的信息。

（7）不要将未知的小数使用(int)或(integer)强制转换成整数数据类型进行计算，因为所得到的结果是无法预测的。例如，下列程序的计算结果是错误的：

```php
echo (int)((0.1+0.7) * 10);
```

浏览器的输出为 7，而不是正确的 8。

3.2.3　浮点数数据类型

浮点数的有效范围视操作系统而定。浮点数使用 e 或 E 来表示以 10 为底的指数，有效小数点可达 14 位。

（1）下列代码声明了变量$x、$y、$z 的数据类型是浮点数。

```php
$x = 2.234;
$y = 5.2e5;
$z = 3.2E-5;
echo "x = $x, y = $y, z = $z";
```

以上代码在浏览器中的实际输出结果如图 3-7 所示。

（2）可以使用 round()函数来将浮点数四舍五入，转换成指定小数点精度的整数或浮点数。例如：

```
echo round(3.4),"<br>";
echo round(3.5),"<br>";
echo round(3.6, 0),"<br>";              //保留 0 位小数，对第一位小数四舍五入
echo round(1.95583, 2),"<br>";          //保留 2 位小数，对第三位小数四舍五入
echo round(1241757, -3),"<br>";         //从整数的右边开始，对第三位整数四舍五入
echo round(5.045, 2),"<br>";
echo round(5.055, 2),"<br>";
```

其中，"<br>"表示在浏览器中输出时在此处强制换行。

以上代码在浏览器中的实际输出结果如图 3-8 所示。

图 3-7   浮点数据类型的举例（1）   图 3-8   浮点数据类型的举例（2）

（3）可以使用 ceil()函数来将浮点数无条件进位，转换成整数，但是 ceil()函数返回的值仍然是浮点数数据类型。例如：

```
echo ceil(4.3);                         //返回浮点数 5
echo ceil(9.999);                       //返回浮点数 10
```

（4）可以使用 floor()函数来将浮点数无条件舍去，转换成整数，但是 floor()函数返回的值仍然是浮点数数据类型。例如：

```
echo floor(4.3);                        //返回浮点数 4
echo floor(9.999);                      //返回浮点数 9
```

注意：不管是使用 round、ceil、floor 还是(int)来转换浮点数，未知的小数在计算中因精度转换的关系，会产生无法预期的结果。例如：

```
floor(((0.1+0.7)*10))
```

浏览器的输出为 7，而不是正确的 8。

3.2.4   字符串数据类型

字符串使用单引号或是双引号，将字符串的内容包含起来。例如：

```
$x = "字符串 1";
$y = 'Hello';
```

43

（1）PHP 的字符串只能表示 256 个字符，所以它不支持 Unicode。

（2）可以将变量的名称使用大括号包含起来，和其他的字符串连接。例如：

```
$str = "book";
echo "There is a $str";
echo "There are three {$str}s","<br>";
echo "There are three {$str}s";
```

其中，"<br>"表示在浏览器中输出时在此处强制换行。

以上代码在浏览器中的实际输出结果如图 3-9 所示。

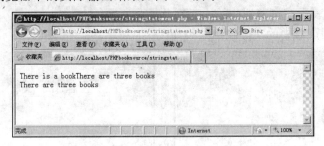

图 3-9　字符串数据类型的举例（1）

（3）可以使用下列方式取出字符串中的某个字符。

```
$str = "Dictionary";
echo "第 1 个字符是 ", $str{0},"<br>";
echo "第 4 个字符是 ", $str{3},"<br>";
```

以上代码在浏览器中的实际输出结果如图 3-10 所示。

图 3-10　字符串数据类型的举例（2）

（4）可以使用 strlen()函数取得字符串的长度。例如：

```
$str = "Dictionary";
echo "最后一个字符是 ", $str{strlen（$str）-1}, "<br />";
```

最终在浏览器中输出的结果：最后一个字符是 y。

（5）两个字符串要连接时，中间使用 "."号连接起来，使用 "+"号没有作用。例如：

```
$x = "Hello";
$y = "world";
```

```
$str = $x . $y;
echo $str;
```

最终在浏览器中输出的结果如图 3-11 所示。

图 3-11　字符串数据类型的举例（3）

（6）在将字符串与数字相加的时候，结果会得到数字。字符串会被转换成字符串开头能够转换的数字，例如：

```
$x = 2 + "12.5"."<br>";          //$x 是浮点数（14.5）
echo    $x;
$x = 1 + "-2.3e4"."<br>";        //$x 是浮点数（-22999）
echo    $x;
$x = 1 + "mynumber-1.3e3"."<br>";  //$x 是整数（1）
echo    $x;
$x = 1 + "mynumber"."<br>";      //$x 是整数（1）
echo    $x;
$x = 1 + "10 books"."<br>";      //$x 是整数（11）
echo    $x;
$x = 5 + "10.2 tables"."<br>";   //$x 是浮点数（15.2）
echo    $x;
$x = "10.0 books" + 1;           //$x 是浮点数（11）
echo    $x;
echo "<br>";                     //强制换行
$x ="10.0 table1" + 1.0;         //$x 是浮点数（11）
echo    $x;
```

通过浏览器查看，将得到如图 3-12 所示的执行结果。

图 3-12　字符串数据类型的举例（4）

（7）可以使用 ord()函数取得字符的 ASCII 码。例如：

```
$str = "\n";
echo "ASCII 码 = ", ord($str);
```

浏览器的输出结果为：ASCII 码 = 10

（8）可以使用 chr()函数将 ASCII 码转换成字符。例如：

```
echo "字符 = ", chr(67);
echo "<br>";
$str = sprintf("这个字符 = %c", 65);
echo $str;
```

其中，sprintf()函数用于返回一个格式字符串，浏览器的最终输出结果为：

字符 = C

这个字符 = A

（9）如果要将其他的数据类型转换成字符串数据类型，在前面加上(String)。布尔值 TRUE 将转换成字符串 "1"，布尔值 FALSE 将转换成空字符串 ""。

（10）下列代码将浮点数转换成字符串：

```
$a = 1.5e-3;
echo(string)$a, "<br />";
```

浏览器的输出结果为：0.0015

3.2.5 转义字符串

要在字符串中表示特殊字符时，需要在特殊字符前面加上一个 "\" 号。如表 3-2 所示是常见转义字符的表示方法。

表 3-2 转义字符及其说明

特 殊 字 符	说　　　　明
\n	换行
\r	Return
\t	Tab 键
\\	\ 符号
\$	$ 符号
\"	" 符号
\'	' 符号
\nnn	八进制表示的字符，n 为 0～7 的数字
\xnn	十六进制表示的字符，n 为 0～9 的数字以及 A～F 的字母

例如：

```
echo '奥巴马说: "I\'ll can"',"<br>";
echo '要删除 F:\\*.*?',"<br>";
```

```
echo '要删除 E:\*.*?',"<br>";
$x = 160;
echo "\$x = ", $x;
```

以上代码在浏览器中的实际输出结果如图 3-13 所示。

图 3-13　转义字符串数据类型的举例

3.2.6　数组数据类型

PHP 的数组可以是一维数组，也可以是多维数组，使用中括号来包含数组的索引值。数组的索引值由 0 开始算起。

（1）下列代码声明变量$a 是一维数组。

```
$a[0] = 1;
$a[1] = 2;
$a[2] = 3;
```

（2）也可以将上述代码改写成：

```
$a[] = 1;
$a[] = 2;
$a[] = 3;
```

在程序执行过程中，PHP 会自动将$a[]数组第一个元素的索引值由 0 开始算起，索引值每次加 1。程序设计人员可以在程序代码中任意增加数组的长度，PHP 会自动计算适当的索引值。

（3）在 PHP 中可以用专用的函数 array()来建立数组。例如：

```
$x = array(1, 2, 3);
```

表示将建立一个一维数组，其中数组的第一个元素是 1，第二个元素是 2，第 3 个元素是 3，元素间以逗号来分开。

（4）还可以将数组中的元素设置成一个数组。例如：

```
$A1 = array(1, 2, 3);
$A2 = array(4, 5, 6);
$A3 = array(7, 8, 9);
$X = array($Ax1, $A2, $A3);
```

这样，数组$X 相当于是由 3 个一维数组$A1、$A2、$A3 构成的一个三维数组，其内容如下：

$X[0] [0] = 1	$X[0] [1] = 2	$X[0] [2] = 3
$X[1] [0] = 4	$X[1] [1] = 5	$X[1] [2] = 6
$X[2] [0] = 7	$X[2] [1] = 8	$X[2] [2] = 9

（5）一般情况下，PHP 的数组索引值默认是以 0 开始，但程序设计员可以在 array 函数中添加参数来改变索引值的起点，如下面声明的数组的索引值是从 1 开始的。

```php
$Y1 = array(1=> "First", "Second", "Third", "Forth", "Fifth", "Sixth", "Seventh");
```

（6）可以使用"key => value"（键值 => 数值）的形式来指定数组中的元素，例如：

```php
$a = array(
    'Class' => '09112',        //key 等于 'Class'
    'name' => 'John',          //key 等于 ' name '
    'Sex' => 'F',              //key 等于 ' Sex '
    'age' => '20',             //key 等于 ' age '
    14                         //key 等于 0
    );
echo $a['Class'],"<br>";
echo $a['name'],"<br>";
echo $a['Sex'],"<br>";
echo $a['age'],"<br>" ;
echo $a[0];
```

以上代码在浏览器中的实际输出结果如图 3-14 所示。

图 3-14　数组数据类型的举例

3.2.7　对象数据类型

与 C++、Java、C＃等面向对象编程语言类似，在 PHP 中声明一个对象之前，必须先使用 class 关键字来定义一个类，然后再使用 new 运算符来建立这个类的对象。

（1）下列代码声明了一个类 student。

```php
class student
{
    var $name;
    var $sex;
```

```
        var $class_id;
        var $NO;
        var $grade_maths;
        var $grade_english;
        function gettotoalgrade()
        {
                return $this-> grade_maths +$this-> grade_english;
        }
}
```

（2）使用 var 关键字来声明类的成员变量，使用 function 关键字来声明类的成员方法。

（3）在声明 student 类的一个对象时，需要使用 new 运算符来建立 student 类的一个实例（instance）。对象就是类的一个实例。

（4）下列代码声明了 student 类的一个对象 stu_zhang。

```
$stu_zhang = new student();
```

（5）要存取对象的成员变量时，使用下列方式。

```
$stu_zhang->name = "张三";
$ stu_zhang ->sex = "男";
$ stu_zhang -> class_id ='09111';
$ stu_zhang -> grade_maths = 68;
$ stu_zhang -> grade_english = 86;
print $ stu_zhang -> gettotoalgrade ();
```

使用对象名称，后面加上一个“->”符号，再加上类的成员变量或成员方法的名称可以指向这个成员变量或成员方法。

注意：在对象名称的前面已经有$符号，所以成员变量名称的前面不需要再加上$符号。

（6）如果要存取同一类中的成员变量，可以使用 this 关键字来代表类本身。例如：

```
function gettotoalgrade() { return $this-> grade_maths * $this-> grade_english; }
```

在 gettotoalgrade()函数中的$this->grade_maths 就是成员变量$grade_maths 的值，$this->grade_english 就是成员变量$grade_english 的值。

将以上相关代码进行综合，可得到一个计算学生张三的数学和英语成绩之和的 PHP 程序示例。

```
class student
{
var $name;
var $sex;
var $class_id;
var $NO;
var $grade_maths;
var $grade_english;
function gettotoalgrade()
```

```
    {
        return $this-> grade_maths +$this-> grade_english;
    }
}
$stu_zhang = new student();
$stu_zhang->name = "张三";
$stu_zhang->sex = "男";
$stu_zhang-> class_id = '09111';
$stu_zhang-> grade_maths = 68;
$stu_zhang-> grade_english =86;
print $stu_zhang->gettotoalgrade();
```

以上程序代码在浏览器中的执行结果如图 3-15 所示。

图 3-15 对象数据类型的举例

3.2.8 资源数据类型

PHP 从 4.0 版开始增加了一种新的数据类型——资源（resource）数据类型。这种变量用来参考到外部的资源。例如，取得 XML 剖析器、MySQL 数据库以及外部文件等。

PHP 具有垃圾回收的功能，所以它会自动去除不再使用的资源的内存。

3.2.9 NULL 数据类型

NULL 数据类型的值只能是 NULL，这意味着变量的值就是 NULL，没有其他的值。例如：

```
$x = NULL;
```

在 PHP 中，变量的值如果是 NULL，主要有以下几种情况：

❑ 变量被指定为 NULL。
❑ 变量还没有指定任何的数值。
❑ 变量使用 unset()函数取消了原先变量的赋值。

3.3 PHP 的变量与常数

变量是编程语言的基础，PHP 的变量声明，是以$符号加上变量名称所组成的。变量名称是由英文字母或下划线符号_来开头，之后是不限长度的字母、数字或下划线符号，但不可以有空格。与变量不同的是，常数一旦设置，在程序运行期间就不能再改变或清除。

3.3.1　变量的定义与赋值

变量具有名称、数据类型和值，变量值在程序运行期间可以改变，PHP 变量能够赋予不同类型的数据，包括数值、字符串、布尔值、对象、数组等。

下列代码声明了一个变量$x，该变量的值等于 1，并且系统会自动将变量$x 当作数值型变量处理。例如：

```
$x = 1;
```

下列代码声明了一个变量$Hello，该变量的值等于 "Welcome"，同样系统也会自动将变量$Hello 当作字符串变量处理。例如：

```
$Hello = "Welcome";
```

PHP 将大小写不同的变量名称视为不同的变量，例如，$New、$new 与$nEw 是不同的变量。如前所述，PHP 的变量不需要事先声明数据类型，而是直接在程序代码中声明变量名称与变量的数值。例如：

```
$x = 5;                        //声明变量 $x 是一个数字
$str = "welcome to chengdu";   //声明变量 $str 是一个字符串
```

注意：PHP 变量的数据类型可以在程序代码运行过程中任意变换，PHP 会依照变量所保存的内容来决定它的数据类型。例如，下列代码将变量$x 的数据类型由数字类型转换成字符串类型：

```
$x = 1;                        //此时，$x 是一个数字
……
$x = "Washton";                //此时，$x 是一个字符串
```

3.3.2　变量的参考指定

如果要将一个变量$y 的值指定给另一个变量$x，可以写成以下语句形式："$y = 1;$x = $y;"。这一程序代码只是将变量$y 的值指定给变量$x，变量$x 与$y 之间没有任何关系。也就是说，当变量$y 的值改变时，变量$x 不会跟着改变。下面举例说明。

建立两个变量$x 与$y，设置$y 的值为 1，将变量$y 的值指定给变量$x，显示一次变量$x 与$y 的值。然后将$y 的值改成 100，再显示一次变量$x 与$y 的值。代码如下：

```
<?php
$y = 1;
$x = $y;
print "在修改 y 的数值之前  x = $x, y = $y <br />";
$y = 100;
print "在修改 y 的数值之后  x = $x, y = $y";
?>
```

程序运行结果如图 3-16 所示。

如果想让变量$x 的值跟着变量$y 的值发生改变，在 C 语言中可以使用地址引用，而在 PHP 语言中，应使用变量的参考指定（assign by reference）。例如：

```
$y = 1;
$x = &$y;
```

上述代码中，在变量$y 的前面加上&符号，表示变量$y 在内存中的地址。语句"$x = &$y;"表示变量$x 指向变量$y 的内存地址。所以当变量$y 的值改变时，变量$x 就会跟着改变。

建立两个变量$x 与$y，设置$y 的值等于 1，将变量$y 的值使用参考指定给变量$x，显示一次变量$x 与$y 的值。然后将$y 的值改成 100，再显示一次变量$x 与$y 的值。

```
<?php
$y = 1;
$x = &$y;
print "在修改 y 的数值之前  x = $x, y = $y <br />";
$y = 100;
print "在修改 y 的数值之后  x = $x, y = $y";
?>
```

以上程序的执行结果如图 3-17 所示。

图 3-16　变量值的指定　　　　　　　图 3-17　给变量赋值

3.3.3　常数的声明

在现实生活中，有一些数是固定不变的，如圆周率、光速、一年中的月数等。这些固定不变的数在程序设计中称为常数，常数一经定义就固定不变。在 PHP 程序中，通常使用 define()函数来声明常数。例如，下列代码定义了常数 PI 的值是 3.14159。

```
define("PI", 3.14159);
```

下列代码定义了常数"字符串 1"的值是"中国人民"。

```
Define("字符串 1", "中国人民");
```

某些情况下，当常数名被保存到变量中或是由函数返回时，程序员可能并不清楚这个变量存放的就是自己所需要的常数，这时，就要用到 constant()函数。如下例所示：

```
define(ISBN, "9781233432");
$value=constant(ISBN)          //将返回 9781233432
```

3.3.4　保留字

与 C 语言一样，PHP 有一些内定的保留字，不能用来当作常数、类或是函数的名称。变量因为是使用$符号来开头，所以可以使用保留字，但最好不要使用。

PHP 常见的保留字有：and、or、xor、_FILE_、exception、_LINE_、array()、as、break、case、cfunction、class、const、continue、declare、default、die()、do、echo()、else、elseif、empty()、enddeclare、endfor、endforeach、endif、ndswitch、endwhile、eval、exit()、extends、for、foreach、function、global、if、include()、include_ince()、isset()、list()、new、old_function、print()、require()、require_once()、return()、static、switch、unset()、use、var、while、_FUNCTION_、_CLASS_、_METHOD_、php_user_filter。

3.3.5　可变变量（动态变量）

可变变量又称为动态变量，其名称被保存在另一个变量中。也就是说，可变变量以另外一个变量的数值作为它的变量名称。

普通变量的声明形式为"$x = "hello""，而可变变量的声明形式需要通过两个"$"符号来定义。例如：

```
$x = "hello";
$$x = "world";
print "$x $hello";
```

其中，print 语句的功能与 echo 语句类似，负责在屏幕上打印相关信息。

上述代码实际上定义了两个变量，变量$x 的值为"hello"，变量$hello 的值为"world"，变量$hello 就等于$$x。在浏览器中查看执行结果，如图 3-18 所示。

如果使用 print 语句来输出下列代码：

```
print "$x ${$x}";
```

也会得到：hello world。

但是如果使用 print 语句来输出下列代码：

```
print "$x $$x";
```

则会得到：hello $hello。这是因为$x = "hello"，所以 print 将$$x 输出为$hello。

所以，要保证输出的正确性，必须用大括号将原先的变量包含起来，如语句"print "$x ${$x}";"所示。

如将变量$x 的值设置为"hello"，使用可变变量将$x 的值"hello"设置为另外一个变量$hello = "world"。分别输出"$x $$x"、"$x ${$x}"与"$x $hello"的值。

```
<?php
$x = "chinese";
$$x = "man";
```

```
print "$x $$x" . "<br />";
print "$x ${$x}" . "<br />";
print "$x $chinese";
?>
```

结果如图 3-19 所示。

图 3-18   可变变量（1）

图 3-19   可变变量（2）

　　PHP 提供了很多运算符，能够对各种数据对象进行多种不同类型的操作。运算符可以通过给出的一个或多个值（而这一个或多个值就构成了表达式）产生另一个值，所以可以认为函数或任何会返回一个值的结构都是运算符。例如，在表达式"4+6"中，4 和 6 是操作数，而"+"是操作符，也称运算符。

　　PHP 支持 3 种类型的运算符。第一种是一元运算符，只运算一个值，如!运算符（取反运算符）或++运算符（加一运算符）。第二种是有限二元运算符，PHP 支持的大多数运算符都是这种。第三种是三元运算符，如"条件表达式?表达式 1:表达式 2"，用来根据条件表达式的值，在另两个表达式中选择一个作为整个运算的结果。

3.3.6   运算符优先级

　　运算符优先级指定了两个表达式绑定得"紧密"程度。例如，表达式 1+5*3 的结果是 16 而不是 18，是因为乘号（*）的优先级比加号（+）高。必要时，可以用括号来强制改变优先级。例如，(1+5)*3 的值为 18。如果运算符的优先级相同，则从左到右依次进行运算。

　　表 3-3 从高到低列出了所有运算符的优先级。同一行中的运算符具有相同优先级，此时它们的结合方向决定求值顺序。

表 3-3   运算符的优先级

运　算　符	描　　　　述	结 合 方 向
()	小括号	左到右
new	创建对象	非结合
[	数组下标	左到右
++ --	递增/递减运算符	非结合
! ~ -	逻辑非、位运算非、求反	非结合
(int) (float) (string) (array) (object)	强制指派数据类型	非结合
@	抑制错误	非结合
* / %	算术运算符（乘法、除法、取模）	左到右

续表

运　算　符	描　　　述	结 合 方 向
+ - .	加法、减法，字符串串连	左到右
<< >>	位运算符（向左移位、向右移位）	左到右
< <= > >=	比较运算符（小于、小于等于、大于、大于等于）	非结合
== !=	比较运算符（等于、不等于）	非结合
=== !==	比较（对象）运算符（等同、不等同）	非结合
&	位运算符（与）和引用	左到右
^	位运算符（异或）	左到右
|	位运算符（或）	左到右
&&	逻辑运算符（与）	左到右
||	逻辑运算符（或）	左到右
? :	三元运算符	左到右
= += -= *= /= .= %= &= |= ^= <<= >>=	赋值运算符	右到左
and	逻辑运算符（与）	左到右
xor	逻辑运算符（异或）	左到右
or	逻辑运算符（或）	左到右
,（逗号）	列表分隔符等	左到右

在表 3-3 的结合方向一栏中，"左到右"表示表达式从左向右求值，"右到左"表示表达式从右向左求值。为理解各种运算符的优先级顺序，不妨举例如下：

```php
<?php
$a = 3 * 3 % 5;                    //(3 * 3) % 5 = 4
echo $a,"<br>";
$a = true ? 0 : true ? 1 : 2;      //(true ? 0 : true) ? 1 : 2 = 2
echo $a,"<br>";
$a = 1;
$b = 2;
$a = $b += 3;                      //相当于$a = ($b += 3), $a = 5, $b = 5
echo $a,"<br>";
?>
```

以上程序代码在浏览器中的显示结果如图 3-20 所示。

图 3-20　运算符优先级举例

55

3.3.7 算术运算符

在初等数学中，常见到有加减乘除等运算，PHP 中算术运算符就与此类似，往往是以数值（变量或数字）作为操作数，并且返回单一的数值，如表 3-4 所示。

表 3-4　PHP 算术运算符列表

运　算　符	运算符名称	例　　子	运　算　结　果
−	取反	−$a	$a 的负值
+	加法	$a + $b	$a 和$b 的和
−	减法	$a − $b	$a 和$b 的差
*	乘法	$a * $b	$a 和$b 的积
/	除法	$a / $b	$a 除以$b 的商
%	取模	$a % $b	$a 除以$b 的余数

注意：除法运算（"/"）总是返回浮点数，即使两个运算数是整数（或由字符串转换成的整数）也是这样。例如：

```php
<html>
<head>
  <title></title>
</head>
<body>
<?php
$data1=5;
$data2=9;
$sum=$data1+$data2;
print "<h3>$sum=$data1+$data2<br/>";
$sum=$sum+(10/2+5)%7;
print "$sum=14+(10/2+5)%7<br/></h3>";
?>
</body>
</html>
```

以上程序在浏览器中的执行结果如图 3-21 所示。

图 3-21　算术运算符举例

3.3.8　赋值运算符

基本的赋值运算符是"="。初学者一开始可能把它当作"等于"，但实际上它的功能是把右边表达式的值赋给左边的操作数。例如：

```php
<? php
$a = ($b = 4) + 5;        //$a 现在成了 9，而$b 成了 4
?>
```

在基本赋值运算符之外，还有适合于二元算术、数组集合和字符串运算符的"组合运算符"。例如：

```php
<?php
$a = 3;
$a += 5;                  //运用了短路运算符
$b = "Hello ";
$b .= "There!";
?>
```

其中，在表达式"$a += 5"中用到了短路运算符"+="。短路运算符允许编程人员把赋值运算符与一个算术或字符运算符合并在一起，实现算术或字符操作。例如，"$a=$a+5"可以写成"$a+=5"。

📢 注意：赋值运算是将原变量的值复制到新变量中（传值赋值），所以改变其中一个并不影响另一个。这也适合于在很密集的循环中复制一些值，如大数组。自 PHP 4 起支持引用赋值，如$var = &$othervar，但在 PHP 3 中不可能这样做。引用赋值意味着两个变量都指向同一个数据，没有任何数据的拷贝。

3.3.9　位运算符

众所周知，"位"是计算机世界中最小的信息单位，每一个数据在计算机内部都最终表现为由 0 和 1 组成的二进制位代码。位运算符允许对整型数中指定的位进行置位，如表 3-5 所示。如果左右参数都是字符串，则位运算符将操作其字符所对应的 ASCII 码值。

📢 注意：在 32 位系统上不要右移超过 32 位，不要在结果可能超过 32 位的情况下左移。

表 3-5　位运算符的应用规则

操 作 符	功 能	范 例	含 义
&	按位与	$a & $b	将把$a 和$b 中都为 1 的位设为 1
|	按位或	$a | $b	将把$a 或者$b 中为 1 的位设为 1
^	按位异或	$a ^ $b	将把$a 和$b 中不同的位设为 1
~	按位非	~ $a	将$a 中为 0 的位设为 1，反之亦然
<<	左移位	$a << $b	将$a 中的位向左移动$b 次（每一次移动都表示"乘以 2"）
>>	右移位	$a >> $b	将$a 中的位向右移动$b 次（每一次移动都表示"除以 2"）
>>>	填零右移	x>>>y	把二进制表示的 x 向右移动 y 位，抛弃移出的位，并且从左侧移进 0

如下例：

```php
<?php
echo 12 ^ 9;
echo "12" ^ "9";
?>
```

在第 1 行中，PHP 进行异或运算，将 12 转换为 1100，将 9 转为 1001，然后用 1001 对 1100 进行重新置位得出 0101，即输出为 '5'。

在第 2 行中，PHP 也是进行异或运算，此时，系统将取字符串"12"中的首字符 1 的 ASCII 值即 49，然后与 9 的 ASCII 码值即 57 进行位运算，得到 8 即空格符的 ASCII 码值，所以此行将输出空格。

3.3.10 递增/递减运算符

PHP 支持 C 语言的前/后递增与递减运算符。需要注意的是，递增/递减运算符不影响布尔值，递减 NULL 值没有效果，但是递增 NULL 后的结果是 1，如表 3-6 所示。

表 3-6 递增/递减运算符的应用规则

运 算 符	功 能	所完成的操作
++$a	先加 1	$a 的值加 1，然后返回$a
$a++	后加 1	返回$a，然后将$a 的值加 1
--$a	先减 1	$a 的值减 1，然后返回$a
$a--	后减 1	返回$a，然后将$a 的值减 1

下面通过实例来帮助读者理解递增/递减运算符。

```php
<?php
echo "<h3>后加操作</h3>";
$a = 5;
echo "此次结果应该是 5: " . $a++ . "<br />\n";
echo "此次结果应该是 6: " . $a . "<br />\n";
echo "<h3>先加操作</h3>";
$a = 5;
echo "此次结果应该是 6: " . ++$a . "<br />\n";
echo "此次结果应该是 6: " . $a . "<br />\n";
echo "<h3>后减操作</h3>";
$a = 5;
echo "此次结果应该是 5: " . $a-- . "<br />\n";
echo "此次结果应该是 4: " . $a . "<br />\n";
echo "<h3>先减操作</h3>";
$a = 5;
echo "此次结果应该是 4: " . --$a . "<br />\n";
echo "此次结果应该是 4: " . $a . "<br />\n";
?>
```

以上程序代码在浏览器中的执行结果如图 3-22 所示。

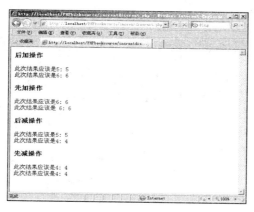

图 3-22　递增/递减运算符举例

3.3.11　逻辑运算符

逻辑运算符用来测试数据之间的真假值，经常用在条件判断和循环处理中，以此判断条件是否满足以及是否该结束循环或继续执行。PHP 的逻辑运算符主要有 6 种，如表 3-7 所示。

表 3-7　逻辑运算符的应用规则

例　　子	名　　称	结　　果
$a and $b	and（逻辑与）	TRUE，如果$a 与$b 都为 TRUE
$a or $b	or（逻辑或）	TRUE，如果$a 或$b 任一为 TRUE
$a xor $b	xor（逻辑异或）	TRUE，如果$a 或$b 任一为 TRUE，但不同时是
! $a	not（逻辑非）	TRUE，如果$a 不为 TRUE
$a && $b	and（逻辑与）	TRUE，如果$a 与$b 都为 TRUE
$a || $b	or（逻辑或）	TRUE，如果$a 或$b 任一为 TRUE

注意：逻辑与和逻辑或有两种不同形式的运算符，但它们的功能是不同的，原因在于它们运算的优先级不同。

3.3.12　字符串运算符

PHP 中有两个字符串运算符。一个是连接运算符（.），它返回其左右参数连接后的字符串。另一个是连接赋值运算符（.=），它将右边的参数附加到左边的参数后。例如：

```php
<?php
$a = "Hello ";
$b = $a . "World!";    //此时，$b 包含了 "Hello World!"
$a = "Hello ";
$a .= "World!";        //将 Hello 与 World 拼接起来
echo "<center>".$a."</center>";
?>
```

以上程序代码运行后的结果如图 3-23 所示。

图 3-23　字符串运算符举例

3.3.13　强制类型转换运算符

PHP 最大的特点是对数据类型的约束比较宽松，也就是说，程序员可以不必关心变量中存储的是什么类型的数据。例如，在一行代码中可以将$y 赋予一个数值，而在另一行代码中将$y 赋予一个字符串。多数情况下，PHP 能自动实现必要的类型转换。但有时，也需要强制性地把一种类型转换成另一种类型，这就是下面要讲的强制类型转换。

PHP 中的类型强制转换和 C 语言非常类似，只需在要转换的变量之前加上用括号括起来的目标类型即可。

允许进行强制类型转换的数据类型如下所示：

- (int)、(integer)：强制转换成整型。
- (bool)、(boolean)：强制转换成布尔型。
- (float)、(double)、(real)：强制转换成浮点型。
- (string)：强制转换成字符串。
- (array)：强制转换成数组。
- (object)：强制转换成对象。

还可以用 settype(mixed var, string type)进行强制转换。需要注意的是，绝不要将未知的分数强制转换为 integer，这样有时会导致错误的结果。下面通过实例来理解强制转换运算符。

```php
<?php
echo (int) ((0.1+0.7) * 10);          //将显示 7
$str = "123.456abc7";
echo (int)$str;                        //将显示 123
$str = "abc123.456";
echo (int)$str;                        //将显示 0
$str = true;
echo (int)$str;                        //将显示 1
$str = false;
echo (int)$str;                        //将显示 0
?>
```

3.3.14　执行运算符

PHP 支持一个执行运算符：反引号 "``"。其外观像单引号 "'"，但其实不是。PHP 会尝试将反引号中的内容作为操作系统命令来执行，并将其输出信息返回，还可以将值赋给一个变量。使用反引号运算符 "`" 的效果与使用 PHP 内置函数 shell_exec() 的效果相同。

◀》 注意：反引号中的具体内容取决于实际使用的操作系统。如在 Windows 环境下执行如下程序代码，将在浏览器中查看到当前网页的存放目录，如图 3-24 所示。

```php
<?php
$output = `dir`;
echo "<pre>$output</pre>";
?>
```

图 3-24　执行运算符举例

3.3.15　PHP 语言表达式

PHP 表达式是由运算符、操作数以及括号等所组成的合法序列代码，是 PHP 程序最重要的基石。在 PHP 中，几乎所有的代码组合就是一个表达式。PHP 与其他语言相比，其表达式的构成更丰富、更灵活、功能也更强。

最基本的表达式由常量和变量构成，如 "$a = 7"，即表示将值 "7" 分配给变量$a。

根据表达式中运算符的作用不同，可把表达式分为算术表达式、赋值表达式、字符串表达式、位运算表达式、逻辑表达式和比较表达式等。还有一种特殊的表达式，即三元条件运算符的表达式，其形式为 "$表达式 1 ? $表达式 2 : $表达式 3"。该表达式由 3 个子表达式构成，其功能是：如果表达式 1 的值是 TRUE，那么计算表达式 2 的值，将其值作为整个表达式的值；否则，表达式 3 的值将作为整个表达式的运行结果。

3.4　PHP 程序中的流程控制

任何程序都不外乎有 3 种程序结构，即顺序结构、分支结构和循环结构。程序由若干语句组成，顺序结构中语句按先后顺序逐条执行，不存在分支和循环。顺序结构是最基本也最常见的流程结构，这里就不再赘述。

下面重点来讲解分支结构和循环结构。

3.4.1　if…else 语句

if…else 语句的功能是：满足某个条件时执行语句 1 或语句块 1，不满足该条件时执行语句 2 或语句块 2。其基本形式如下：

```
if（条件）
    {
    语句 1 或语句块 1       //条件为逻辑真时执行语句 1 或语句块 1
    }
else
    {
    语句 2 或语句块 2       //条件不成立时执行语句 2 或语句块 2
    }
```

如有以下语句：

```
if ($num>=0)
    echo "非负数";
else
    echo "负数";
```

当然，如果只做单纯的条件判断，则可去掉 else 部分，而只保留 if 条件判断和相应的执行语句或语句块：

```
if(条件)
    {语句或语句块              //条件为逻辑真时执行这部分语句或语句块
    }
```

3.4.2　if…else if 语句

if…else 结构只能实现二路分支，而 if…else if 语句可实现多路分支，其基本形式如下：

```
if(条件 1)
    {语句 1 或语句块 1         //条件 1 为逻辑真时执行语句 1 或语句块 1
    }
else if(条件 2)
```

```
        {
            语句 2 或语句块 2              //条件 2 成立时执行语句 2 或语句块 2
        }
else if(条件 3)
        {
            语句 3 或语句块 3              //条件 3 成立时执行语句 3 或语句块 3
        }
……
```

例如，以下代码将判断两数的大小关系。

```php
<?php
if ($x > $y) {
    echo "x is bigger than y";
} else if ($a == $b){
    echo "x is equal to y";
} else {
    echo "x is smaller than y";
}
?>
```

在同一个 if…else 结构中可以有多个 else if 语句。在 PHP 中，else if 也可以写成 elseif，两者的效果完全一样。

3.4.3　while 循环结构

while 循环是 PHP 中最简单的循环类型。它和 C 语言中的 while 表现形式一样，其基本格式如下：

```
while(表达式)        //先判断循环条件，再执行循环体
{
    语句或语句块；
}
```

while 循环结构中，只要 while 表达式的值为 TRUE，就重复执行循环体中的语句或语句块；如果 while 表达式的值一开始就是 FALSE，则循环体中的语句或语句块一次都不被执行。

3.4.4　do…while 循环结构

do…while 和 while 循环非常相似，区别在于 do…while 循环是先执行循环体，再判断循环条件，也就是说，do…while 循环至少会执行一次循环体中的语句或语句块，而 while 循环有可能一次都不执行。

do…while 循环的结构形式如下：

```
do
```

{   //先执行循环体，再判断循环条件
  语句或语句块
}while(条件)

下面通过实例来理解以上两种 while 循环结构的区别。

```php
<?php
$i=1;
while($i<=6){
    print $i++;
    echo ". Excuse me<br>\n";
    }
echo "第二次……<br>";
$i=1;
do{
    print $i++;
    echo ". Excuse me <br>\n";
    } while($i<=6)
?>
```

其执行结果如图 3-25 所示。

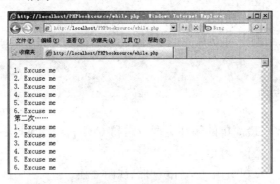

图 3-25　两种 while 循环结构的区别（1）

此时，还看不出二者的区别，将上述代码的第 2 行和第 8 行的$i 初始值修改为"$i=7"，然后再在浏览器中查看执行结果，则如图 3-26 所示。

图 3-26　两种 while 循环结构的区别（2）

3.4.5　for 循环结构

for 循环是 PHP 中最复杂的循环结构，其功能和用途与 C 语言中的 for 循环类似。for 循环的基本语法如下：

for(表达式 1; 表达式 2; 表达式 3)
　　{
　　语句或语句块
　　}

其中，表达式 1 在循环开始前无条件求值一次。表达式 2 在每次循环开始前求值。如果值为 TRUE，则继续执行嵌套的循环语句；如果值为 FALSE，则终止循环。表达式 3 在每次循环之后被执行。每个表达式都可以为空，此时，和 C 一样，PHP 认为其值为 TRUE，整个嵌套语句将无限循环下去。

在以下的程序中，共有 3 种不同的 for 循环结构，它们都显示数字 1~10。

```php
<?php
for ($i = 1; $i <= 10; $i++)
{
    echo $i;
}
echo "<br>","Above is the first","<br>";
for ($i = 1; ; $i++)
{
    if ($i > 10)
    {
        break;          //中止循环
    }
    echo $i;
}
echo "<br>","Above is the second","<br>";

$i = 1;
for(;;)
{
    if($i > 10)
    {
        break;          //中止循环
    }
    echo $i;
    $i++;
}
echo "<br>","Above is the third","<br>";
?>
```

以上代码的执行结果如图 3-27 所示。

图 3-27　for 循环结构应用举例

3.4.6　foreach 循环

从 PHP 4 开始，PHP 引入了 foreach 结构，和 C#以及其他语言很像，它是一种简便的遍历数组方法。foreach 仅能用于数组，当将其用于其他数据类型或者一个未初始化的变量时，会产生错误。

下例是利用 foreach 遍历一个一维数组，其中在第一次遍历时显示数组中的各元素，第二次遍历时将数组中的每个元素取出，乘以 2 后再显示出来。

```php
<?php
$arr = array(1, 2, 3, 4);
foreach ($arr as &$value)
{
    echo $value;
}
echo "<br>";
foreach ($arr as &$value)
{
 $value = $value * 2;
 echo $value;
}
?>
```

以上代码执行后的结果如图 3-28 所示。

图 3-28　foreach 循环结构应用举例

3.4.7　break 与 continue 语句

在讲述 for 循环结构时用到了 break 语句，它的作用是中途结束 for、foreach、while、

do…while 循环，或者中止 switch 结构的执行。同样，continue 语句也是用在循环结构中，它的作用是跳过本次循环中剩余的代码并在条件为真时开始执行下一次循环。

以下代码将演示 break 语句和 continue 语句的区别。

```php
<?php
echo "break 语句的输出效果: <br>";
$i=0;
while ($i<10) {
    if ($i%2==1) {
            break;
    }
    echo $i;
    $i++;
}
echo "<br>","continue 语句的输出效果: ","<br>";
for($i=0;$i<10;$i++){
    if ($i%2){
            continue;
    }
    echo $i." ";
}
?>
```

在浏览器中查看执行结果如图 3-29 所示。

图 3-29　break 与 continue 语句的应用

3.4.8　switch 语句

一个 switch 语句可以等同于一系列 if 语句，其功能是：把一个变量（或表达式）与多个不同的值进行比较，并根据比较结果执行不同的程序代码。

switch 语句的格式如下：

switch(条件)

{　//根据条件的具体值来执行下面某一语句

　　case 选项 1:

　　　　语句 1;　break;

　　case 选项 2:

　　　　语句 2;　break;

```
    …
    case 选项 n:
          语句 n;   break;
    default;
          语句 n+1;
    break;
}
```

例如，以下语句将根据$i 值的不同而显示相应的数值。

```php
<?php
switch ($I)
{
    case 0:
        echo "i 等于  0";
        break;
    case 1:
        echo "i 等于 1";
        break;
    case 2:
        echo "i 等于 2";
        break;
}
?>
```

3.5 案例剖析：九九乘法口诀表的实现

本章最后将利用 PHP 语言编写一个九九乘法口诀表，使读者进一步掌握 PHP 的基础语法知识。

3.5.1 程序功能介绍

输出九九乘法口诀表，使用任何一种程序设计语言都比较容易实现，而且也是常用的经典案例。下面分析如何利用 PHP 实现九九乘法口诀表的输出。

简单地说，九九乘法表就是一个二维表格，只不过该表格中每一行的乘法表达式会随着行数的增加而有所增加，并且是以 1 为单位逐次递增的。考虑到以上特点，下面简单描述一下程序的设计思路。

❑ 设置一个变量 x，用以存放乘法表的行数，这里选择存储 9。

❑ 本程序功能的实现主要采用内、外两层循环结构实现。

❑ 设置一个外循环变量 i，用来控制行数。

❑ 设置一个内循环变量 j，用来控制每一行的列数。

❑ 利用 echo()函数逐一显示每一行的乘法表达式。

3.5.2　程序代码分析

基于九九乘法表的特点和上述功能分析，编写如下代码：

```
<html>
<head>
<title></title>
</head>
<body>
<h3><center>九九乘法口诀表</center></h3>
<?php
$x=9;
for ($i=1;$i<=$x;$i++)
{
    for ($j=1;$j<=$i;$j++)
    {
        echo $j."*".$i."=".$j*$i." ";        // " " 用于在浏览器中输出一个空格
    }
    echo "<br>";
}
?>
</body>
</html>
```

以上代码为九九乘法口诀表的完整代码，其中包含了 HTML 语言。在浏览器中显示的效果如图 3-30 所示。

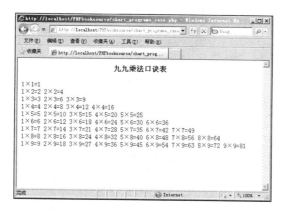

图 3-30　九九乘法口诀表 PHP 程序的运行效果

3.6　本 章 小 结

本章主要介绍了 PHP 的基本语法，包括 PHP 常量与变量、运算符和表达式，以及 PHP 程序中常用的流程控制语句，这些都是 PHP 网络编程必备的基础知识，读者务必要全面理解与掌握。

3.7 练 习 题

1. 简述 PHP 可支持哪些数据类型，有哪些运算符。
2. 简述 PHP 程序有哪几种流程结构。
3. 举例说明在 PHP 中实现分支结构程序和循环结构程序的所有语句。
4. 简述如何利用 PHP 语言定义类和对象。

3.8 上 机 实 战

1. 在 HTML 语言中嵌入 PHP 程序，要求在显示器上分行显示"World Peace Long Live！"和"世界和平万岁！"，其中字体为粗体，颜色为红色，居中显示。

2. 试编写一个 PHP 程序，并命名为 ciclearea.php，其功能是计算和显示一个圆的面积。

第 4 章　PHP 中的函数与内置数组

知识点：

- ☑ PHP 函数的定义与调用
- ☑ PHP 内置函数
- ☑ PHP 内置数组
- ☑ 函数的参数传递
- ☑ 字符串处理函数
- ☑ 数组、时间日期函数
- ☑ 数学、图像处理函数
- ☑ 自定义函数

本章导读：

　　将一系列语句组合在一起，并给它们取一个统一的名字，这就是函数。PHP 语言的一大特色就是为程序员提供了大量功能强大、内容丰富的函数。在程序的编写过程中往往会有一些反复用到的功能模块，如果每次都要重复编写这些代码，不仅浪费时间，而且还会使程序变得冗长、可读性差，维护起来很不方便。PHP 允许程序员用户自行将某些程序代码组合在一起，将常用的流程或者变量组织成一个函数，并且在程序的其他地方可多次调用。PHP 除了大量的系统函数外，还有很多内置数组，这些数组可以完成特别的用途。本章主要介绍的是如何自定义函数、常用的内置函数及内置数组的功能和用法，以及在程序中如何调用函数。

4.1　PHP 内置函数概述

　　PHP 提供了丰富的函数和语言结构，其中函数分为内置函数与用户自定义函数。大部分内置函数可以在程序代码中直接调用，而某些内置函数需要特定的 PHP 扩展模块支持，否则将会在编译中出现错误。自定义函数则是根据用户自己的需求编写的函数。

4.1.1　PHP 标准函数与扩展函数

　　PHP 开发者在开发 PHP 时编写了很多内置函数，这些函数功能强大，内容丰富，可以大大节省应用程序的开发时间。按照内置函数的引用方式不同，可将其分为标准函数和扩展函数。

　　标准函数集成在 PHP 解析器中，所以不用定义就可以直接使用。使用过程中要注意函数的参数类型、调用方法、返回值以及格式，如常用的数学函数 floor()、abs()、min()、max() 等都属于这类函数。和用户自定义函数相比，PHP 标准函数使用更简单方便，用户不需事先定义，也不必担心函数本身有什么语法和功能错误，因为它们已经被实践反复证明是正确无误的。

在 PHP 内置函数中，还有一些需要和特定的 PHP 扩展模块一起编译，否则系统会提示"未定义函数"错误。例如，要使用图像处理函数 imageellipse()来画一个椭圆，就需要在编译 PHP 时加上对 GD 库的支持。在 PHP 5 中，扩展函数被存放在 PHP 安装目录的 ext 子目录下，如图 4-1 所示，这些函数大都是以 DLL 文件形式存放的。

图 4-1 PHP 内置扩展函数库

4.1.2 启用扩展函数库

初次安装 PHP 时，大多数库函数都是被屏蔽了的。要想启用一个扩展函数非常容易，只需要在 php.ini 文件中找到相关的行，将行首的分号";"去掉后重新保存 php.ini 文件即可。例如，用户要启用图像处理函数，则须在 php.ini 文件中找到";extension=php_gd2.dll"这一行，然后将行首的";"去掉，重新启动 Apache 服务器使之生效，这样 PHP 解析器在启动时就会加载 GD 库函数，然后就可以像使用内置的标准函数那样使用有关图像处理的函数。

4.2　PHP 内置数组

在第 3 章中讲到了一种特殊数据类型即数组，实际上除了用户自定义的数组之外，PHP 还提供了一套附加的内置数组，也叫预定义数组，它们是一类特殊的数组，在全局范围内自动生效，在程序中直接使用，而无须事先定义和初始化。这些数组变量包含了来自 Web 服务器、运行环境和用户输入的数据。

4.2.1　PHP 5 内置数组简介

表 4-1 列出了一些常用的内置数组，这些数组包含了来自 Web 服务器、运行环境以及用户输入的数据。由于它们在程序的全局范围内都有效，因此通常被称为自动全局变量或者超全局变量。

表 4-1　PHP 中内置数组

预定义变量	描　　　述	应 用 示 例
$GLOBALS	包含一个引用指向每个当前脚本的全局范围内有效的变量，该数组的键名为全局变量的名称	用$GLOBALS["a"]可访问在脚本中定义的全局变量$a
$_SERVER	由 Web 服务器设定或者直接与当前脚本的执行环境相关联，是一个包含诸如头信息、路径和脚本位置的数组，该数组的实体由 Web 服务器创建。在脚本中可以用 phpinfo()函数来查看其内容	用$_SERVER["PHP_SELF"]可获取当前正在执行脚本的文件名，与 document root 相关
$_GET	经由 URL 请求提交至脚本的变量，是通过 HTTP GET 方法传递的变量组成的数组，可用来获取附加在 URL 后面的参数值	用$_GET["id"]可获取附加在 URL 后的名为 id 的参数的值
$_POST	经由 HTTP POST 方法提交至脚本的变量，是通过 HTTP POST 方法传递的变量组成的数组，可用来获取用户通过表单提交的数据	用$_POST["name"]可获取通过表单提交的名为 name 的表单元素的值
$_COOKIE	经由 HTTP Cookies 方法提交至脚本的变量，是通过 HTTP Cookies 传递的变量组成的数组，可用于读取 Cookie 值	用$_COOKIE["email"]可获取存储在客户端的名为 email 的 Cookie 值
$_REQUEST	经由 GET、POST 和 COOKIE 机制提交至脚本的变量，因此该数组并不值得信任。所有包含在该数组中的变量的存在与否以及变量的顺序均按照 php.ini 中的 variables_order 配置指示来定义	$_REQUEST 数组包括 GET、POST 和 COOKIE 的所有数据
$_FILES	经由 HTTP POST 文件上传而提交至脚本的变量，是通过 HTTP POST 方法传递的已上传文件项组成的数组，可用于 PHP 文件上传编程	用$_FILES["userfile"]["name"]可获取客户端机器文件的文件名
$_SESSION	是当前注册给脚本会话的变量，是包含当前脚本中会话变量的数组，可用于访问会话变量	用$_SESSION["user_level"]可检索名为 user_level 的会话变量的值

4.2.2　接收表单数据和 URL 附加数据

在第 2 章有关表单标记的基础知识中已经讲述过，网页之间的数据传递方式有两种：一种是用 POST 方法来接收表单数据，另一种是用 GET 方法来获取 URL 中附加的数据。这两种方法分别要用到$_POST 内置数组和$_GET 内置数组，其作用是将客户端表单内的数据传送到服务器中。

例如，下面的例子，实现了将客户端表单中提交的两个数传送到服务器端，然后在服务器中进行汇总并将结果返回至客户端的功能。

```
<HTML>
<HEAD>
<TITLE>网页中的数据传递</TITLE>
</HEAD>
<BODY>
<?php
$CFQ=$_POST["tag"];              //用来判断用户是否单击了计算按钮
if ($CFQ ==1) {                  //用户单击计算按钮，则分别将两个文本框的数据存放到两个变量中
    $addnum1=$_POST["addnum1"];      //通过$_POST 内置数组获取第一个加数
    $addnum2=$_POST["addnum2"];      //通过$_POST 内置数组获取第二个加数
    }
else                             //用户没单击"计算"按钮，则将两个变量赋值为 0
    {
    $addnum1=0;
    $addnum2=0;
    }
$sum=$addnum1+$addnum2;          //对两个变量中存放的加数求和
?>
在表单输入两个加数
<form name="form1" method="post" action="#">
<input type="hidden" name="tag" size="4" value="1">
<input type="text" name="addnum1" size="4" value="<?php echo $addnum1;?>">
+
<input type="text" name="addnum2" size="4" value="<?php echo $addnum2;?>">
=
<?php echo $sum;?><br>             //输出计算结果
<br><input type="submit" name="Submit" value="计算">
<input type="reset" name="Submit2" value="重置">
</form>
</BODY>
</HTML>
```

以上代码运行后的效果如图 4-2 所示。

图 4-2 用 POST 传递数据

下面介绍如何运用 GET 方法传递数据。

```
<HTML>
<HEAD>
<TITLE>URL 附加数据传递</TITLE>
```

```
</HEAD>
<BODY>
<a href="chap4_nzsz2.php?show_tag=1">显示文字</a>
<a href="?show_tag=2">隐藏文字</a><br><br>
<?php
$show_tag=$_GET["show_tag"];          //用内置数组$_GET 来获取 URL 附加数
if ($show_tag==1){
    echo "如果您看到了这段文字，则说明通过 show_tag 传递了 1，这可以从网页地址栏上的 URL
地址可以查看到。否则传递了 2";
}
?>
</BODY>
</HTML>
```

该程序的运行结果如图 4-3 所示。

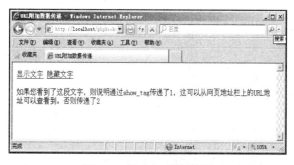

图 4-3　用 GET 传递数据

4.2.3　用 Session 和 Cookie 实现用户登录

Session 和 Cookie 在 Web 技术中有着非常重要的作用。例如，在某些网站中常常要求用户先登录，但系统怎么判断用户是否已经登录了呢？解决这个问题最简单的办法就是利用 Session 和 Cookie 机制。如果没有 Session 和 Cookie，则用户登录信息是无法保留的。

Session 也称为会话。当用户登录或访问一些初始页面时，服务器会为客户端临时分配一个随机数字即 Session ID，在会话的生命周期（从网站最初建立连接开始，至关闭浏览器断开网站连接为止）中保存在客户端。用户通过 Session ID 可以注册一些特殊的变量，称为会话变量，这些变量的数据保存在服务器端，从而使服务器端能够实时地了解客户端用户的信息。断开网站连接之后，Session 会自动失效，之前注册的会话变量也不能再使用。如果配置文件 php.ini 中没有设置 "session.auto_start=1"，那么要使用 Session 就必须先运行代码 session_start()。运行时，就在服务器上产生了一个 Session 文件，随之也产生了一个与之唯一对应的 Session ID。

下面举一个用户登录的例子。该例子由两个程序组成，程序 chap4_nzsz3.php 用于获取用户信息并将该信息通过 Session 内置数组保存至服务器；程序 chap4_nzsz3success.php 用来定义用户登录成功后输出的信息。

chap4_nzsz3.php 程序代码如下：

```
<html>
<body>
<form action="chap4_nzsz3.php" method="post">
<table border="0" align="center">
<tr><td colspan="2" align="center">用户登录</td></tr>
<tr><td align="center">用户名</td><td><input name="username" type="text"></td></tr>
<tr><td align="center">密码</td><td><input name="password" type="password"></td></tr>
<tr><td colspan="2" align="center">
<input type="submit" name="Submit" value="登录">
<input type="reset" name="Submit2" value="重置"></td></tr>
</table>
</form>
</body>
</html>
<?php
session_start();
if(isset($_POST['Submit']))
{
    $username=$_POST['username'];
    $password=$_POST['password'];
    if($username=="administrator"&&$password=="123456")
    {
        $_SESSION['username']=$username;
        $_SESSION['password']=$password;
        header("location: chap4_nzsz3sucess.php");
    }
    else
    {
        echo "<script>alert('登录失败');location.href='chap4_nzsz3.php';</script>";
    }
}
?>
```

需要提醒的是，本程序倒数第 8 行"header("location: chap4_nzsz3sucess.php");"中用到了页面跳转语句 header，它告诉程序此处应转到什么页面上去。

chap4_nzsz3sucess.php 程序代码如下：

```
<?php
session_start();
$username=@$_SESSION['username'];
$password=@$_SESSION['password'];
if($username)
    echo "欢迎管理员登录，您的密码为$password";
else
    echo "对不起，您没有权限登录本页";
?>
```

本例实际的运行效果如图 4-4 和图 4-5 所示。

图 4-4　用户登录页面　　　　　　　图 4-5　用户登录成功后的页面

与 Session 将用户数据存储在服务器端相反，Cookie 是一种在浏览器端储存数据并以此来跟踪和识别用户的机制，而且从客户端发送的 cookie 都会被 PHP 5 自动包括进$_COOKIE 内置数组中。如果希望对一个 Cookie 变量设置多个值，则需在 cookie 的名称后加 "["值名称"]" 符号。设置 Cookie 常用到的函数是 setcookie，其语法格式如下：

int setcookie(string name, string value, int expire, string path, string domain, int secure);

其中，参数 name 表示 cookie 的名称；value 表示 cookie 的值，该参数为空字符串则表示取消浏览器中该 cookie 的资料；expire 表示该 cookie 的有效时间；path 为该 cookie 的相关路径；domain 表示 cookie 的网站；secure 则是在 https 的安全传输时才有效。上述参数中，除了 name 之外，其他都是可以省略的。例如，前面讲到的用户登录例子，也可以通过 cookie 来实现。

chap4_nzsz4.php 程序代码如下：

```
<html>
<body>
<form action="chap4_nzsz4.php" method="post">
<table border="0" align="center">
<tr><td align="center">用户名</td><td><input name="username" type="text"></td></tr>
<tr><td align="center">密码</td><td><input name="password" type="password"></td></tr>
<tr><td>Cookie 保存时间</td>
    <td><select name="time">
        <option value="0" selected>不保存</option>
        <option value="1">保存一小时</option>
        <option value="2">只保存一天</option>
        <option value="3">保存一个星期</option>
    </select></td></tr>
<tr><td colspan="2" align="center">
<input type="submit" name="Submit" value="登录">
<input type="reset" name="Submit2" value="重置"></td></tr>
</table>
</form>
</body>
</html>
<?php
setcookie("username");
if(isset($_POST['Submit']))
{
    $username=$_POST['username'];
    $password=$_POST['password'];
```

```
$time=$_POST['time'];
if($username=="administrator"&&$password=="123")
{
    switch($time)
    {
        case 0:
            setcookie("username",$username);
            break;
        case 1:
            setcookie("username",$username,time()+60*60);
            break;
        case 2:
            setcookie("username",$username,time()+24*60*60);
            break;
        case 3:
            setcookie("username",$username,time()+7*24*60*60);
            break;
    }
    header("location:chap4_nzsz4sucess.php");
}
else
{
    echo "<script>alert('登录失败');location.href='chap4_nzsz4.php';</script>";
}
}
?>
```

chap4_nzsz4sucess.php 程序代码如下：

```
<?php
if($username=@$_COOKIE['username'])
{
    echo "欢迎用户".$username."登录";
}
else
    echo "对不起，你无权限访问本页面";
?>
```

本例实际的运行页面如图 4-6 和图 4-7 所示。

图 4-6　用户登录页面　　　　　　　　图 4-7　用户登录成功的页面

4.3　PHP 数组函数

在编写 PHP 程序时，经常要用到数组。数组是一种复合数据类型，很多信息都需要用数组作为载体进行保存。数组在 PHP 编程中占有很大比重，要想得心应手地编写 PHP 程序，必须掌握好 PHP 数组函数。

4.3.1　数组函数总览

第 3 章中介绍了如何在 PHP 中定义和使用数组，读者对数组已有了一定了解。实际上，PHP 中还提供了一些用来操作数组的函数，这些函数作为系统的内置标准函数可以直接使用。下面用列表的方式来说明常用的数组函数及功能，如表 4-2 所示。

表 4-2　PHP 中的数组函数

函 数 名 称	函数功能描述
array_change_key_case	返回字符串键名全为小写或大写的数组
array_chunk	将一个数组分割成多个
array_combine	创建一个数组，用一个数组的值作为其键名，另一个数组的值作为其值
array_count_values	统计数组中所有的值出现的次数
array_diff_assoc	带索引检查计算数组的差集
array_diff	计算数组的差集
array_fill	用给定的值填充数组
array_flip	交换数组中的键和值
array_intersect_assoc	带索引检查计算数组的交集
array_intersect	计算数组的交集
array_key_exists	检查给定的键名或索引是否存在于数组中
array_keys	返回数组中所有的键名
array_map	将回调函数作用到给定数组的单元上
array_merge_recursive	递归地合并两个或多个数组
array_merge	合并两个或多个数组
array_multisort	对多个数组或多维数组进行排序
array_pad	用值将数组填补到指定长度
array_pop	将数组最后一个单元弹出（出栈）
array_push	将一个或多个单元压入数组的末尾（入栈）
array_rand	从数组中随机取出一个或多个单元
array_reduce	用回调函数迭代地将数组简化为单一的值
array_reverse	返回一个单元顺序相反的数组
array_search	在数组中搜索给定的值，如果成功则返回相应的键名
array_shift	将数组开头的单元移出数组
array_slice	从数组中取出一段

续表

函 数 名 称	函数功能描述
array_splice	把数组中的一部分去掉并用其他值取代
array_sum	计算数组中所有值的和
array_unique	移除数组中重复的值
array_unshift	在数组开头插入一个或多个单元
array_values	返回数组中所有的值
array_walk	对数组中的每个成员应用用户函数
array	新建一个数组
arsort	对数组进行逆向排序并保持索引关系
asort	对数组进行排序并保持索引关系
compact	建立一个数组，包括变量名和它们的值
count	统计数组中的单元数目或对象中的属性个数
current	返回数组中的当前单元
each	返回数组中当前的键（下标）值对，并将数组指针向前移动一步
end	将数组的内部指针指向最后一个单元
extract	从数组中将变量导入到当前的符号表
in_array	检查数组中是否存在某个值
key	从结合数组中取得键名
krsort	对数组按照键名逆向排序
ksort	对数组按照键名排序
list	把数组中的值赋给一些变量
natcasesort	用"自然排序"算法对数组进行不区分大小写字母的排序
natsort	用"自然排序"算法对数组排序
next	将数组中的内部指针向前移动一位
pos	得到数组当前的单元
prev	将数组的内部指针倒回一位
range	建立一个包含指定范围单元的数组
reset	将数组的内部指针指向第一个单元
rsort	对数组逆向排序
shuffle	将数组打乱
sizeof	count()的别名，用于统计数组中的单元数目或对象中的属性个数
sort	对数组排序
uasort	使用用户自定义的比较函数对数组中的值进行排序并保持索引关联
uksort	使用用户自定义的比较函数对数组中的键名进行排序
usort	使用用户自定义的比较函数对数组中的值进行排序

  PHP 中的数组函数非常多，这里只罗列了其中部分常用的。读者不必被这么多的函数吓倒，在开始学习时只需仔细浏览一下这些函数，而不必去强行记忆。在实际编程过程中，再根据程序需要去查找函数手册学习相关函数及其使用方法即可。下面讲述表中几个最常用的数组函数的使用方法，其他函数的使用方法读者可自行查看 PHP 参考手册。

4.3.2　array()函数

array()函数用来创建一个新数组。创建数组通常有两种方法：一种是给数组每个变量赋值（这种方式已在第 3 章中讲述过）；另一种就是同时给数组所有元素赋值，此时就要用到 array()函数。例如：

```php
<?php
$arrNo1=array(4,5,6,7,8,9);
$arrNo2=array("a"=>4,"b"=>5,"c"=>6,"d"=>7,"e"=>8,"f"=>9);
echo "\$arrNo1[0]=".$arrNo1[0];
echo "<br>";
echo "\$arrNo2[\"a\"]=".$arrNo2["a"];
?>
```

在本例中，分别用两种方法定义了两个数组。第一种省略了数组下标及键名，此时系统采用默认的下标为每个元素分配下标，即从 0 开始分配，故$arrNo1[0]元素的值就是数组 arrNo1 的第一个元素即 4，而$arrNo1[1]代表的是 arrNo1 数组的第二个元素。第二种方法是通过用户自定义元素的下标来完成数组的创建，数组元素下标可以是整型数或字符串，所以，$arrNo2["a"]代表的是数组下标为"a"的元素，在本例中该元素的值为 4。

在浏览器中查看以上代码输出结果如图 4-8 所示。

图 4-8　array()函数的使用

4.3.3　count()函数

count()函数用来统计一个数组中元素的个数。在循环输出某数组的所有元素时，必须先知道该数组中一共包含多少个元素，此时就要用到 count()函数。其用法如下：

```php
<?php
$arr1=array(1,2,3,4,5，6);
echo "数组\$arr1 中元素的个数是："  .count($arr1);
?>
```

在本例中，首先定义了一个$arr1 数组，然后将该数组作为 count()函数的参数，从而统计出这个数组的元素个数。以上代码在浏览器中的实际输出结果如图 4-9 所示。

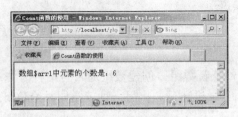

图 4-9　count()函数的使用

4.3.4　each()函数

each()函数返回数组中当前元素的索引即键（key）和内容（value），并将数组指针向前移动到下一个元素。该函数通常被用在一个循环中遍历一个数组。例如：

```php
<?php
$arr = array("name"=>"张三","age"=>31,"sex"=>"男","personID"=>"32424212100000");
for($i=0;$i<count($arr);$i++){
    $keyvaule=each($arr);
    echo $ keyvaule ["key"]."=>".$ keyvaule ["value"];
    echo "<br>";
}
?>
```

在本例中，首先定义了一个包含 4 个元素的数组，然后在 for 循环中利用 each()函数对每个元素进行遍历。需要注意的是，each()函数返回的结果实际上又是一个数组，即数组元素的下标（key）和内容（value），它们被一起存储到$keyvaule 中，然后通过显示$keyvaule 中的元素值来查看数组$arr 中元素的下标和内容。程序运行后的页面如图 4-10 所示。

图 4-10　each()函数的使用

4.3.5　current()、reset()、end()、next()和 prev()函数

数组中往往有多个元素，如何知道数组当前的元素是哪一个，又如何访问其他位置的元素呢？这些操作涉及到数组指针的问题。每个数组都有一个指针，它指向当前的元素。在进行 PHP 编程中，有时需要对数组指针进行移动操作，这些操作往往涉及 current()、reset()、end()、next()和 prev()等函数。例如：

```php
<?php
$arr=array("第一个","第二个","第三个","第四个","第五个","第六个","第七个","第八个");
```

```
echo "调用 current()函数后:".current($arr);
echo "<br>";
echo "再次调用 current()函数后指针指向:".current($arr);
echo "<br>";
echo "调用 next()函数后指针指向:".next($arr);
echo "<br>";
echo "调用 reset()函数后指针指向:".reset($arr);
echo "<br>";
echo "调用 end()函数后指针指向:".end($arr);
echo "<br>";
echo "调用 prev()函数后指针指向:".prev($arr);
?>
```

以上代码在浏览器中的实际输出结果如图 4-11 所示。

图 4-11　数组指针函数的应用

4.4　字符串处理函数

字符串是由多个字符组成的序列，在 PHP 编程过程中，不管是进行文本的处理还是字符的操作都离不开字符串。在信息管理系统中，大量信息也是由字符串来储存的。PHP 为程序员提供了大量实用的字符串处理函数，利用这些函数可以完成许多复杂的字符串处理工作。

4.4.1　字符串处理函数总览

PHP 中用于处理字符串的函数非常多，为了方便读者学习和查阅，下面通过列表的形式对常用的字符串处理函数做一个说明，如表 4-3 所示。

表 4-3　PHP 中的字符串处理函数

函 数 名	函数功能描述
addcslashes	为字符串中的部分字符添加反斜线转义字符
addslashes	用指定的方式对字符串中的字符进行转义
bin2hex	将二进制数据转换成十六进制表示
chr	返回一个字符的 ASCII 码

函 数 名	函数功能描述
chunk_split	按一定的字符长度将字符串分割成小块
convert_cyr_string	将斯拉夫语字符转换为别的字符
convert_uudecode	解密一个字符串
convert_uuencode	加密一个字符串
count_chars	返回一个字符串中的字符使用信息
crc32	计算一个字符串的 crc32 多项式
explode	将一个字符串用分割符转变为一数组形式
fprintf	按照要求对数据进行返回,并直接写入文档流
htmlspecialchars	将字符串中的一些字符转换为 HTML 实体
implode	将数组用特定的分割符转变为字符串
join	将数组转变为字符串,implode()函数的别名
ltrim	去除字符串左侧的空白或者指定的字符
md5_file	将一个文件进行 MD5 算法加密
md5	将一个字符串进行 MD5 算法加密
nl2br	将字符串中的换行符"\n"替换成回车换行符" "
number_format	按照参数对数字进行格式化的输出
ord	将一个 ASCII 码转换为一个字符
print	用以输出一个单独的值
printf	按照要求对数据进行显示
quoted_printable_decode	将一个字符串加密为一个 8 位的二进制字符串
rtrim	去除字符串右侧的空白或者指定的字符
sprintf	按照要求对数据进行返回,但是不输出
str_pad	对字符串进行两侧的补白
str_repeat	对字符串进行重复组合
str_replace	匹配和替换字符串
str_shuffle	对一个字符串中的字符进行随机排序
str_split	将一个字符串按照字符间距分割为一个数组
str_word_count	获取字符串中的英文单词信息
strchr	通过比较返回一个字符串的部分 strstr()函数的别名
strcmp	对字符串进行大小比较
strlen	获取一个字符串的编码长度
strpbrk	通过比较返回一个字符串的部分
strpos	查找并返回首个匹配项的位置
strrev	将字符串中的所有字母反向排列
strrpos	从后往前查找并返回首个匹配项的位置
strspn	匹配并返回字符连续出现长度的值
strstr	通过比较返回一个字符串的部分
strtok	用指定的若干个字符来分割字符串

函　数　名	函数功能描述
strtolower	将字符串转变为小写
strtoupper	将字符串转变为大写
strtr	对字符串比较替换
substr_count	计算字符串中某字符段的出现次数
substr_replace	对字符串中的部分字符进行替换
substr	对字符串进行截取
trim	去除字符串两边的空白或者指定的字符
ucfirst	将所给字符串的第一个字母转换为大写
ucwords	将所给字符串的每一个英文单词的第一个字母变成大写

下面着重讲述一些使用频率较高的字符串处理函数。

4.4.2　去除空格函数

由于数据存储的需要，在某些情况下是不允许在字符串中出现空格的。例如，当用户登录某个系统时，用户名和密码的开头、结尾一般都不能有空格，所以在进行 Web 编程时，程序员应该在程序中预先去除这些空格，以保证传送到服务器的数据符合规范。

在 PHP 中去除空格的内部函数有以下几种。

（1）trim()函数

该函数用于去除字符串开始位置和结束位置的空格字符，其语法格式如下：

trim(string str [, string charlist])

其中，参数 str 表示待处理的字符串；charlist 为可选参数，指定要去除的字符，如果不指定该参数，则该函数将去除空格、制表符、空字节、换行符和回车符。

（2）ltrim()函数

该函数用于去除字符串左边的空格或其他指定的字符，并返回处理后的字符串，其语法格式如下：

ltrim(string str [, string charlist])

其中参数的含义及功能和 trim()函数完全一致。

（3）rtrim()函数

该函数用来去除字符串右边的空格或其他指定的字符，并返回处理后的字符串，其语法格式如下：

rtrim(string str [,string charlist])

其中参数的含义及功能和 trim()函数完全一致。

下面举例来说明这 3 个函数的用途，其 PHP 代码如下：

```php
<?php
$str="初始字符  左右两边及中间都有空格";
echo "原始字符串："$str."<br>";
```

```
echo "原始字符串长度: ".strlen($str)."<br>";
$str1=ltrim($str);
echo "用函数 ltrim()去掉左边的空格后的字符串: ".$str1."<br>";
echo "执行 ltrim()之后的长度: ".strlen($str1)."<br>";
$str2=rtrim($str);
echo "用函数 rtrim()去掉右边的空格后的字符串: ".$str2."<br>";
echo "执行 rtrim()之后的长度: ".strlen($str2)."<br>";
$str3=trim($str);
echo "执行 trim()之后的长度".strlen($str3)."<br>";
echo "去掉首尾空格之后的字符串: ".$str3."";
?>
```

程序的运行结果如图 4-12 所示。

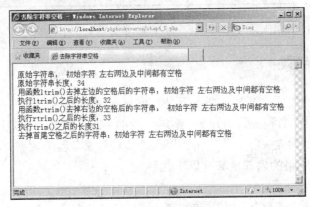

图 4-12　变量值的指定

其中需要说明的是,在上述程序中用到了 strlen()函数,该函数用来统计字符串长度。

4.4.3　HTML 处理相关函数

还有一种是用于格式化 HTML 文本的内部函数,通过这些函数可以把字符串中的换行符转换为 HTML 换行标记,还可以实现在特殊字符与 HTML 实体之间相互转换或去除所有的 HTML 和 PHP 标记等。下面就来讲述这些函数。

（1）nl2br()函数

当 HTML 文件中存在“\n”时,程序运行后不能显示换行效果,这时可以使用 nl2br()函数将字符串中的换行符“\n”替换为 HTML 中的“
”标记。例如:

```php
<?php
$str="Welcome  to \nChengdu";
echo $str;                    //直接输出不会有换行符
echo nl2br($str);             // "Welcome to" 后面换行
?>
```

（2）htmlspecialchars()函数

该函数可以将字符转换为 HTML 的实体形式,该函数转换的特殊字符及转换后的字符如表 4-4 所示。htmlspecialchars()函数将特殊的 HTML 标签转换为 HTML 实体并以普通文本显示出来，可以用来防止恶意脚本对网站的攻击。

表 4-4　可以转换为 HTML 实体形式的特殊字符

原　字　符	字　符　名　称	转换后的字符
&	AND 记号	&amp;
"	双引号	&quot;
'	单引号	&#039;
<	小于号	&lt;
>	大于号	&gt;

（3）htmlentities()函数

该函数把字符串中的一些 HTML 标签转换为 HTML 实体并返回经过处理的字符串。与 htmlspecialchars()函数类似，htmlentities()函数也可以将特殊字符转换为实体。它们的区别是：htmlspecialchars()函数只能转换&、"、'、<和>这 5 个字符，而 htmlentities()函数可以把汉字也一起进行转换。例如：

```php
<?php
$str1="<font size=5>这是中文字符串</font>";
echo htmlentities($str1);              //将网页中输出<font size=5>ÕâÊÇÖÐÎÄ×Ö·û´®</font>
?>
```

（4）strip_tags()函数

该函数可以将字符串中的所有 PHP 和 HTML 标记去除，并返回经过处理的字符串，其语法格式如下：

strip_tags (string str [, string allowable_tags])

参数 str 是要处理的字符串，allowable_tags 表示指定要保留的某些 PHP 或 HTML 标记。

下面举例来综合讲解以上的 HTML 处理的相关函数，程序代码如下：

```php
<?php
define("SP","<br/>\n");
$str1="这是第一行文本。\n 这是第二行文本";
print "<b>把换行符替换成换行标记</b>".nl2br($str1).SP;
$str2="<p align=\"center\">文本内容</p>";
print "<b>HTML 段落标记:</b>".htmlspecialchars($str2).SP;
$str3="<font color=\"red\">文本内容</font>";
print "<b>HTML 字体标记:</b>".htmlentities($str3,ENT_COMPAT,"GB2312").SP;
$str4="<div>一行文本，</div><!--这里是注释-->这里是其他文本";
print "<b>过滤掉了所有 HTML 标记:</b>".strip_tags($str4).SP;
print "<b>除 div 标记外，过滤掉了所有 HTML 标记:</b>".strip_tags($str4,"<div>").SP;
?>
```

该程序运行后的结果如图 4-13 所示，请注意分析结果。

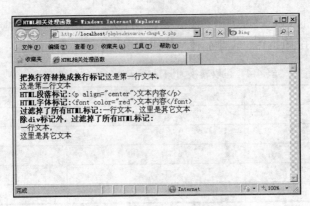

图 4-13　HTML 处理函数的运用

4.4.4　改变字符串大小写

有时在比较英文字符串时，只要求比较其内容，而对其是否大小写不做要求，这时就需要把比较的对象转换为统一的大小写格式。使用 strtolower()函数可以将字符串全部转换为小写，使用 strtoupper()函数可以将字符串全部转换为大写。例如：

```php
<?php
echo strtolower("HelLO,WoRlD");            //输出"hello,world"
echo strtoupper("hEllo,wOrLd");            //输出"HELLO,WORLD"
?>
```

此外，还可用 ucfirst()函数将字符串的第一个字符改成大写，用 ucwords()函数将字符串中每个单词的第一个字母改成大写。例如：

```php
<?php
echo ucfirst("hello world");               //输出"Hello world"
echo ucwords("how are you");               //输出"How Are You"
?>
```

4.4.5　字符串拆分与连接

在编程过程中，有时需要把一个较长的字符串按照特定的条件分割成多个字符串，PHP提供了 explode()和 str_split()等函数来完成字符串的分割。

（1）explode()函数

explode()函数可以用指定的字符串分割另一个字符串，并返回一个数组。其语法格式如下：

array explode(string $separator , string $string [, int $limit])

其中，字符串$separator 是分割字符串$string 的边界点，此函数返回由字符串组成的数组，每个元素都是$string 的一个子串。参数$limit 是可选项，如指定了此参数，则返回的数组中包含最多$limit 个元素，并且最后那个元素将包含 string 的剩余部分。例如：

88

```php
<?php
$str="使用 空格 分割 字符串";
$array=explode(" ", $str);
print_r($array);        //输出 Array ([0] =>使用[1] =>空格[2] =>分割[3] =>字符串)
?>
```

而如果$limit 参数是负数，则返回除了最后的$limit 个元素外的所有元素。

（2）str_split()函数

与 explode()函数不同的是，str_split()不以某个字符串为分割依据，而是以一定长度为单位将字符串分割成多段，并返回由各段组成的数组。其语法格式如下：

array str_split(string $string , [, int $lengh])

其中，$string 为要分割的字符串，可选参数$lengh 是分割的单位长度（默认的单位长度为 1）。

（3）implode()函数

与 explode()和 str_split()函数相反，使用 implode()函数可以将存储在数组不同元素中的字符串连接成一个字符串。其语法格式如下：

string implode(string $glue , array $pieces)

其中，$pieces 为保存连接字符串的数组，$glue 是用于连接字符串的连接符。例如：

```php
<?php
$array=array("welcome","to","Cheng","du");
$str=implode(",",$array);                     //使用逗号作为连接符
echo $str;                                    //输出" welcome, to, Cheng, du "
?>
```

下面举例来说明以上函数的用法及区别，程序如下：

```php
<?php
$arr1=array("Apache","PHP","MYSQL");
print "<b>数组内容:</b><br/>\n";
var_dump($arr1);
$strarr1=implode("-",$arr1);
print "<br/>\n<b>连接后的字符串:</b><br/>\n$strarr1<br/>\n";
$str ="苹果，西红柿，香蕉，栗，梨子，芒果";
echo "原字符串是：<b>".$str."</b><br>";
echo "方式一.以逗号为分割符分割字符串：<br>";
$arr1 = explode("，",$str);
echo "---\$arr1[0]的值："".$arr1[0]."<br>";
echo "---\$arr1[4]的值："".$arr1[4]."<br>";
echo "方式二.分割时指定 limit 参数：<br>";
$arr2 = explode("，",$str,3);
echo "---\$arr2[0]的值："".$arr2[0]."<br>";
echo "---\$arr2[2]的值："".$arr2[2]."<br>";
echo "---\$arr2[4]的值："".$arr2[4]."<br>";
echo "方式三.str_split 函数分割，且采用默认单位的分割长度：<br>";
$str2="this,that,they,what,here";
```

```
echo "原字符串是：<b>".$str2."</b><br>";
$arr3 = str_split($str2);
echo "---\$arr3[0]的值：".$arr3[0]."<br>";
echo "---\$arr3[2]的值：".$arr3[2]."<br>";
echo "---\$arr3[4]的值：".$arr3[4]."<br>";
echo "方式四.str_split 函数分割，并设置分割长度为 2：<br>";
$arr3 = str_split($str2,2);
echo "---\$arr3[0]的值：".$arr3[0]."<br>";
echo "---\$arr3[2]的值：".$arr3[2]."<br>";
echo "---\$arr3[4]的值：".$arr3[4]."<br>";
?>
```

以上程序代码在浏览器中的显示结果如图 4-14 所示。

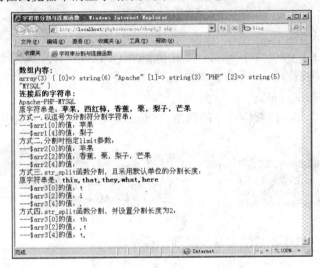

图 4-14　字符串分割与连接函数

4.4.6　字符串查找

在实际编程过程中，经常需要在一个字符串中查找某个字符串或者某个子串。PHP 中用于字符串查找、定位的函数非常多，下面介绍几种比较常用的函数。

（1）substr()函数

substr()函数的语法格式如下：

string substr(string str, int start [, int length])

其中，参数 str 用来指定被操作的字符串；参数 start 用来指定子串的起始位置，如默认，表示从第一个字符开始，如果该参数为负数，则从原字符串末尾向前数 start 个字符，并由此开始取子串，如果 start 所指定的位置超出了 str 范围，则该函数返回 FALSE；参数 length 用来指定子字符串的长度，如默认此参数或者该参数大于原操作字符串长度，则返回从起始位置之后的所有字符。

（2）stristr()函数

该函数用来在一个字符串中查找一个子串的首次出现，在查找时会区分字符的大小写。

其语法格式如下：

string stristr(string $haystack, string $needle)

其中，参数$haystack 指定原字符串；参数$needle 表示要查找的子字符串，如果它不是一个字符串，则将被转换为一个整数并作为一个普通字符来使用。如果在字符串$haystack 中出现了$needle，则返回$haystack 字符串中从$needle 第一次出现的位置开始到$haystack 字符串结束处的字符串。如果没有返回值，即没有发现$needle，则返回 FALSE。

（3）strstr()函数

strstr()函数的功能与 stristr()函数基本相同，只不过在查找子串时不区分字符的大小写。需要注意的是该函数与 stristr()函数外形上的区别（它没有字母 i）。其语法格式如下：

string strstr(string $haystack, string $needle)

其中，参数的含义和功能与 stristr()函数中的参数相同。

（4）strrchr()函数

该函数用于在一个字符串中查找某个字符串的最后一次出现，其语法格式如下：

string strrchr(string $haystack, string $needle)

查找时，系统将从原字符串右边开始查找，如果在字符串$haystack 中出现了$needle，则返回$haystack 字符串中从$needle 最后出现的位置开始到$haystack 字符串结束处的字符串。如果没有返回值，即没有发现$needle，则返回 FALSE。

下面举例比较一下以上函数的用法，程序如下：

```php
<?php
  $str = "春眠不觉晓,处处闻啼鸟,夜来风雨声,花落知多少.";
  echo "原字符串：<b>".$str."</b><br>";   //按各种方式进行截取
  $str1 = substr($str,4);
  echo "从第 4 个字符开始取至最后：".$str1."<br>";
  $str2 = substr($str,6,4);
  echo "从第 6 个字符开始取 4 个字符：".$str2."<br>";
  $str3 = substr($str,-5);
  echo "取倒数 5 个字符：".$str3."<br>";
  $str4 = substr($str,-7,4);
  echo "从倒数第 7 个字符开始向后取 4 个字符：".$str4."<br>";
  $str5 = substr($str,-9,-3);
  echo "从倒数第 9 个字符开始取到倒数第 3 个字符为止：".$str5."<br>";
  $email="user@website.com";
  $domain=strstr($email,"@");
  print "从电子邮件地址中取出域名：{$domain}<br/>\n";
  $stri=stristr("This is a big city","A");
  print "不区分大小写取子串：{$stri}<BR/>";
  $strr="This is a book, that is a desk";
  $strrigth=strrchr($strr,"th");
  print "从原始字符右边取出子串：{$strrigth}";
?>
```

程序运行结果如图 4-15 所示。

图 4-15　字符串的查找函数举例

4.4.7　字符串替换

在 Web 程序中，常常需要在一个字符串中替换指定的内容，实现这种功能的函数有以下几种。

（1）str_replace()函数

该函数的语法格式如下：

mixed str_replace(mixed $search , mixed $replace , mixed $subject [, int &$count])

str_replace()函数的功能是使用新的字符串$replace 替换字符串$subject 中的$search 字符串。$count 是可选参数，是 PHP 5 中新添加的，表示要执行的替换操作的次数。该函数中，$search、$replace、$subject 以及函数本身的返回值都是 mixed 类型，也就是说这些参数可以是多种类型，相应的返回值也可以使多种类型，如字符串、数组等。例如：

```php
<?php
$str="I love you";
$replace="China";
$end=str_replace("you",$replace,$str);
echo $end;                              //输出"I love China "
?>
```

str_replace()函数对大小写敏感，支持多对一替换（即可以将多个不同的字符替换为同一个字符）和多对多替换（即可以将多个不同的字符替换为多个对应的不同字符），但无法实现一对多的替换。例如：

```php
<?php
$str="My name is John Smith";
$array=array("a","o","A","O","e");
echo str_replace($array, "",$str);          //多对一的替换，输出"My nm is Jhn Smith"
echo "<br/>";
$array1=array("a","b","c");
$array2=array("d","e","f");
echo str_replace($array1,$array2, "abcdef");    //多对多的替换，输出"defdef"
?>
```

以上程序在 IE 浏览器中的运行结果如图 4-16 所示。

图 4-16　字符串替换函数举例

（2）str_irepalce()函数

该函数与 str_replace()函数的功能基本相同，只是不区分大小写。其语法格式如下：

mixed str_ireplace(mixed $search , mixed $replace , mixed $subject [, int &$count])

其中，各参数的功能和含义与 str_replace()函数中的参数一致。

（3）substr_replace()函数

该函数用于替换子串的文本内容并返回替换后的字符串。其语法格式如下：

mixed substr_replace(mixed str, string replacement, int start [, int length])

其中，参数 str 表示原字符串；参数 replacement 为指定用来替换原子字符串的新字符串；start 用来指定执行替换操作的起始位置。length 是可选参数，表示要替换的长度，如果不给定，则从 start 位置开始一直到字符串结束；如果 length 为 0，则替换字符串会插入到原字符串中；如果 length 是正值，则表示要用替换字符串替换掉的字符串长度；如果 length 是负值，表示从字符串末尾开始到 length 个字符为止停止替换。例如：

```php
<?php
echo substr_replace("abcdefg","YES",3);         //输出"abcYES"
echo substr_replace("abcdefg","YES",3,3);        //输出"abcYESg"
echo substr_replace("abcdefg"," YES ",-2,2);     //输出"abcde YES "
echo substr_replace("abcdefg"," YES ",3,-2);     //输出"abc YES fg"
echo substr_replace("abcdefg"," YES ",2,0);      //输出"ab YES cdefg"
?>
```

4.4.8　字符串加密

通常情况下，人们将可懂的文本称为明文，将明文转换成的不可懂的文本称为密文。把明文转换成密文的过程就叫做加密。PHP 中，crypt()、md5()等函数可实现字符串的加密。

crypt()函数的语法格式如下：

string crypt(string $str [, string $salt])

其中，参数$str 是需要加密的字符串；参数$salt 是一个位字串，能够影响加密的暗码，干扰非法人员识别明文，从而减少被破解的可能性。默认情况下，PHP 使用一个 2 字符的 DES 干扰串，如下列程序代码：

```php
<?php
$str="这是明文";
```

```
$des="ab";
echo "没加密之前的明文是:".$str."<br/>";
echo "加密后的密文:";
echo crypt($str,$des);
?>
```

程序的运行结果如图 4-17 所示。

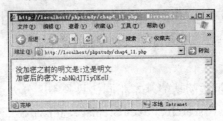

图 4-17　字符串加密函数

crypt()函数只能完成单向的加密功能，也就是说它可以加密一些明码，但不能够将加密后的密文转换为原来的明码。因此，使用 crypt()不是特别安全。若要获得更高的安全性，可以使用 md5()函数。该函数使用散列算法对指定的字符串进行加密，其语法格式如下：

string md5(string str [,bool raw_output])

其中，参数 str 表示待加密的字符串；参数 raw_output 是可选参数，如果为 TRUE，则md5()函数返回一个长度为 16 位的二进制格式的摘要，如为 FALSE，则返回长度为 32 位的十六进制格式的摘要，该参数的默认值是 FALSE。例如：

```
<?php
$str="我是明文";
echo md5($str);        //输出的相应密文是"f51fbb37237ddd56b14299b9de277be4"
?>
```

4.5　时间日期函数

PHP 中的所有时间都是 UNIX 纪元的，即日期用从 1970 年 1 月 1 日以来所经历的总秒数表示。当一个时间函数调用从 1970 年 1 月 1 日零时开始计的秒数时，就把它当作（timestamp）时间戳。PHP 中的大多数时间函数就是以时间戳为参数转换成各种格式的时间形式。

4.5.1　时间日期函数总览

PHP 在处理数据库中时间类型的数据时，经常需要先将时间类型的数据转化为 UNIX时间戳后，再对其进行其他后续处理。另外，不同的数据库系统对时间类型的数据不能兼容转换，这时就需要将时间转换为 UNIX 时间戳，然后对时间戳进行操作，从而实现不同数据库系统间的跨平台性。

表 4-5 列出了相关的时间数据处理函数。

表 4-5　日期时间处理函数

函 数 名	函数功能描述
checkdate	检查日期是否合法
date	返回一个表示时间的字符串
date_default_timezone_get	取得一个脚本中所有日期函数所使用的默认时区
date_default_timezone_set	设定一个脚本中所有日期函数所使用的默认时区
getdate	返回一个数组，其中包含小时数、分数、秒数
gettimeofday	取得当前的时间
gmdate	格式化一个 GMT/UTC 日期/时间
gmmktime	取得 GMT 日期的 UNIX 时间戳
idate	将本地时间日期格式化为整数
localtime	取得本地时间
microtime	返回一个字符串，由当前时间的毫秒数+空格+从 1970 年开始的秒数
mktime	返回指定日期的时间戳，即从 1970 年 1 月 1 日到指定日期的秒数
set_time_limit	规定从调用此函数的程序语句起，程序必须在指定秒数内运行结束，超时则程序出错退出
strftime	根据区域设置格式化本地时间/日期
time	将当前系统时间转换为对应的时间戳（长整数）

下面介绍几种常用的日期时间处理函数。

4.5.2　date()和 time()函数

date()函数用来将一个 UNIX 时间戳格式化成指定的时间/日期格式。其语法格式如下：
string date(string $format [, int $timestamp])

其中，参数$format 指定了转换后的日期和时间的格式；参数$timestamp 是需要转换的时间戳，如果省略，则使用本地当前时间，即默认值为由 time()函数返回当前系统时间对应的时间戳。本函数比较难掌握的是由$format 参数指定的日期格式。

表 4-6 列出了 data()函数支持的格式字符。

表 4-6　date()函数的格式字符列表

format 字符	说　明	返回值例子
d	月份中的第几天，有前导零的两位数字	01～31
D	星期中的第几天，用 3 个字母表示	Mon 到 Sun
j	月份中的第几天，没有前导零	1～31
l	星期几，完整的文本格式	Sunday～Saturday
N	ISO-8601 格式数字表示的星期中的第几天	1（星期一）～7（星期天）
S	每月天数后面的英文后缀，用两个字符表示	st、nd、rd 或 th，可以和 j 一起用
w	星期中的第几天，数字表示	0（星期天）～6（星期六）

format 字符	说　　明	返回值例子
z	年份中的第几天	0～366
W	ISO-8601 格式年份中的第几周，每周从星期一开始	如 42（当年的第 42 周）
F	月份，完整的文本格式，如 January 或 March	January～December
m	数字表示的月份，有前导零	01～12
M	3 个字母缩写表示的月份	Jan～Dec
n	数字表示的月份，没有前导零	1～12
t	给定月份所应有的天数	28～31
L	是否为闰年	如果是闰年为 1，否则为 0
Y	4 位数字完整表示的年份	如 1999 或 2003
y	两位数字表示的年份	如 99 或 03
a	小写的上午和下午值	am 或 pm
A	大写的上午和下午值	AM 或 PM
B	Swatch Internet 标准时	000～999
g	小时，12 小时格式，没有前导零	1～12
G	小时，24 小时格式，没有前导零	0～23
h	小时，12 小时格式，有前导零	01～12
H	小时，24 小时格式，有前导零	00～23
i	有前导零的分钟数	00～59
s	秒数，有前导零	00～59
e	时区标志	如 UTC、GMT、Atlantic/Azores
I	是否为夏令时	如果是夏令时为 1，否则为 0
O	与格林尼治时间相差的小时数	如+0200
P	与格林尼治时间（GMT）的差别，小时和分钟之间用冒号分隔	如+02:00
T	本机所在的时区	如 EST、MDT
Z	时区偏移量的秒数。UTC 西边的时区偏移量总是负的，UTC 东边的时区偏移量总是正的	−43200～43200
c	ISO 8601 格式的日期	2004-02-12T15:19:21+00:00
r	RFC 822 格式的日期	Thu, 21 Dec 2000 16:01:07 +0200
U	从 UNIX 纪元开始至今的秒数	time()函数

例如，将当前系统日期分别转换成英文格式和中国传统的日期格式，其实现程序如下：

```php
<?php
echo date('jS-F-Y');                          //将当前日期转换为：月中的第几天-英文的月份-年份
echo date('Y-m-d');                           //输出的时间格式为：四位数的年份-两位数的月份-两位日数
echo date('l M ',strtotime('2008-08-08'));    //输出 Friday Aug
echo date("l",mktime(0,0,0,7,1,2000));        //输出 Saturday
echo date('U');                               //输出当前时间的时间戳
?>
```

time()函数用来获取当前时间的 UNIX 时间戳，它返回的是一个整数，如下列程序代码：

```php
<?php
$tm= time();
echo "当前时间的 UNIX 时间戳为：".$tm;        //显示当前计算机系统时间所对应的时间戳
?>
```

4.5.3　strtotime()函数

strtotime()函数用于将字符串表达的日期和时间转换为时间戳的形式，其语法格式如下：

int strtotime(string $time [, int $now])

其中，参数$time 是一个字符串，用来指定一个具体的时间；参数$now 用来计算返回值的时间戳，如果该参数默认，则使用当前系统时间的时间戳。该函数接受一个包含美国英语日期格式的字符串，并尝试以 now 参数给出的时间为基础，将其解析为 UNIX 时间戳。

例如：

```php
<?php
echo strtotime('2010-3-31');              //输出 1269993600
echo strtotime('2010-03-05 10:27:30');    //输出 1267784850
echo strtotime("10 September 2010");      //输出 1284076800
?>
```

特别提醒：如果采用两位数字的格式来指定年份，则年份值 0～69 表示 2000～2069，70～100 表示 1970～2000。

4.5.4　getdate()函数

使用 getdate()函数可以获取日期和时间信息，其语法格式如下：

array getdate([int $timestamp])

其中，参数$timestamp 表示是要转换的时间戳，如果默认，则使用当前系统时间所对应的时间戳。getdate()函数根据$timestamp 返回一个包含日期和时间信息的数组，数组的下标和值如表 4-7 所示。

表 4-7　getdate()函数返回数组下标与值的对应表

键　　名	说　　明	值　的　例　子
seconds	秒的数字表示	0～59
minutes	分钟的数字表示	0～59
hours	小时的数字表示	0～23
mday	月份中第几天的数字表示	1～31
wday	星期中第几天的数字表示	0（表示星期天）～6（表示星期六）
mon	月份的数字表示	1～12
year	4 位数字表示的完整年份	如 1999 或 2003
yday	一年中第几天的数字表示	0～365

续表

键 名	说 明	值 的 例 子
weekday	星期几的完整文本表示	Sunday～Saturday
month	月份的完整文本表示	January～December
0	自 UNIX 纪元开始至今的秒数	系统相关，典型值从-2147483648～2147483647

有两种方法可以获取某时间点的时间信息，一种方法是直接获取当前系统时间的信息；另一种方法是指定某时间字符串，然后将该时间字符串转换为对应的时间戳，再根据这个时间戳来获取时间信息，其程序代码如下：

```php
<?php
$array1=getdate();
$array2=getdate(strtotime('2011-03-31'));
print_r($array1);
echo "<br/>";
print_r($array2);
?>
```

以上程序代码运行后的页面如图 4-18 所示。

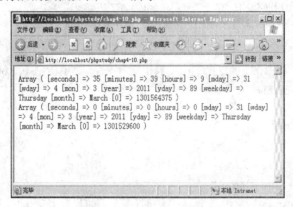

图 4-18   getdate()函数的使用

4.5.5   mktime()函数

与 strtotime()函数类似，mktime()函数也用于将时间日期转换为时间戳，其语法格式如下：

int mktime([int $hour [, int $minute [, int $second [, int $month [, int $day [, int $year]]]]]])

其中，参数$hour 表示小时数，参数$minute 表示分钟数，参数$second 表示秒数，参数$month 表示月份，参数$day 表示天数，参数$year 表示年份。如果所有的参数都为空，则默认为当前系统日期及时间。

例如：

```php
<?php
$timenum1=mktime(0,0,30,8,12,2008);        //2008 年 8 月 12 日零时零分 30 秒
```

```
echo $timenum1;      //输出 2008 年 8 月 12 日零时零分 30 秒所对应的时间戳 1218499230
echo   "<br/>";
$timenum2=mktime(3,20,0,9,18,99);
echo $timenum2;      //1999 年 9 月 18 日 3 时 20 分的时间戳 937624800
?>
```

4.6　数　学　函　数

Web 程序在运行过程中有时需要进行数据计算，除了加、减、乘、除之外，往往还要求最大值、最小值、绝对值、随机数、取整和对数值等。这些操作都可以通过 PHP 内置数学函数来实现。

4.6.1　数学函数总览

PHP 中的数学函数非常丰富，几乎涵盖了所有的数学运算。表 4-8 列出了常用的 PHP 数学函数。

表 4-8　常用的数学函数列表

函　数　名	功　能　描　述
abs	求解绝对值
acos	求解反余弦
acosh	求解反双曲余弦
asin	求解反正弦
asinh	求解反双曲正弦
atan2	求解两个参数的反正切
atan	求解反正切
atanh	求解反双曲正切
base_convert	在任意进制之间转换数字
bindec	二进制转换为十进制
ceil	进一法取整
cos	求余弦
cosh	求双曲余弦
decbin	十进制转换为二进制
dechex	十进制转换为十六进制
decoct	十进制转换为八进制
deg2rad	将角度转换为弧度
exp	计算 e（自然对数的底）的指数
floor	舍去法取整
fmod	返回除法的浮点数余数
getrandmax	显示随机数最大的可能值

续表

函 数 名	功 能 描 述
hexdec	十六进制转换为十进制
hypot	计算一直角三角形的斜边长度
is_finite	判断是否为有限值
is_infinite	判断是否为无限值
is_nan	判断是否为合法数值
lcg_value	组合线性同余发生器
log10	求以 10 为底的对数
log	求自然对数
max	找出最大值
min	找出最小值
mt_getrandmax	显示随机数的最大可能值
mt_rand	生成更好的随机数
mt_srand	播下一个更好的随机数发生器种子
octdec	八进制转换为十进制
pi	得到圆周率值
pow	指数表达式
rad2deg	将弧度数转换为相应的角度数
rand	产生一个随机整数
round	对浮点数进行四舍五入
sin	求正弦
sinh	求双曲正弦
sqrt	求平方根
srand	播下随机数发生器种子
tan	求正切
tanh	求双曲正切

下面讲述几种常用的数学函数的用法，以便启发读者在编程中灵活运用各种数学函数。

4.6.2　求随机数的 rand()函数

rand()函数用于返回一个随机整数，其语法格式如下：

rand([int min, int max])

其中，参数 min、max 表示所产生随机数的取值范围，min 表示最小数，max 表示最大数。如果没有提供可选参数 min 和 max，则 rand()返回 0～RAND_MAX 之间的伪随机整数。在 Windows 平台下，RAND_MAX 值等于 32768，因此，如果要产生大于 32768 的随机数，就必须指定参数 min 和 max。例如，要想取得 15～30（包括 15 和 30）之间的随机数，函数的调用形式是 rand(15,30)。

4.6.3　最大值函数与最小值函数

max()函数用于在两个数值中求最大值，所用函数的语法格式如下：

max(number arg1,number arg2)

或在数组中求最大的元素值，其函数的语法格式如下：

max(array numbers [,array…])

如果仅有一个参数且是数组，max()函数返回该数组中最大的值。如果第一个参数是整数、字符串或浮点数，则至少需要两个参数，且 max()函数返回这些值中最大的一个，此时，PHP 会将非数值的字符串当成 0，如果参数中的值都是 0，则 max()函数返回最左边的那个。

与 max()函数对应，min()函数也有两种函数形式。在两个数值中求最小值，所用函数的语法格式如下：

min(number arg1,number arg2)

在数组中求最小的元素值，其函数的语法格式如下：

min(array numbers [,array…])

同样，如果仅有一个参数且是数组，min()函数返回该数组中最小的值。如果第一个参数是整数、字符串或浮点数，则至少需要两个参数，且 min()函数返回这些值中最小的一个，此时，PHP 会将非数值的字符串当成 0，如果参数中的值都是 0，则 min()函数返回最左边的那个。

4.6.4　ceil()、floor()和 round()函数

在 PHP 中，对某数值取整的函数主要有 ceil()、floor()和 round() 3 个函数。

（1）ceil()函数

该函数的语法格式如下：

ceil(float value)

其功能是返回不小于 value 的下一个整数，value 如果有小数部分，则进一位。

（2）floor()函数

该函数的语法格式如下：

floor(float value)

其功能是返回不大于 value 的下一个整数，value 如果有小数部分，则将 value 的小数部分舍去取整。

（3）round()函数

该函数的语法格式如下：

round(float val [,int precision])

其功能是返回根据给定的精度 precision 进行四舍五入后的结果，即是返回小数点后 precision 位的四舍五入结果，precision 可以是负数或 0（默认情况下）。

下面通过实例来综合说明以上各种数学函数的使用方法。

```php
<?php
  echo "随机数 1:"."<br/>";
  $s1 = rand(100,200);
  echo $s1."<br/>";
  echo "随机数 2:"."<br/>";
  $s2 = rand(100,200);
  echo $s2."<br/>";
  echo "随机数 1 和随机数 2 中的最大值:"."<br/>";
  echo max($s1,$s2)."<br/>";
  echo "随机数 1 和随机数 2 中的最小值:"."<br/>";
  echo min($s1,$s2)."<br/>";
  echo "对小数 3.214443 保留 2 位小数的四舍五入".round(3.214443,2)."<br/>";
  echo "对小数 3.214443 采用进一法取整：".ceil(3.214443)."<br/>";
  echo "对小数 3.214443 采用舍去法取整：".floor(3.214443);
?>
```

以上程序代码运行后的页面如图 4-19 所示。

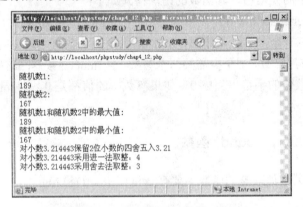

图 4-19　常用的 PHP 数学函数

4.7　图像处理函数

PHP 中提供了一些对图像进行编辑处理的函数，这些函数在需要动态生成图像、自动批量处理图像等方面，能给 PHP 网站开发者带来很大的帮助。其中最为典型的应用为随机图形验证码、图片水印以及数据统计中饼状图和柱状图的生成等。

在 PHP 中有的图形函数可以直接使用，但多数需要在安装了 GD2 函数库后才能使用。在 Windows 平台下安装 GD2 库很简单，就是 PHP 5 自带的 ext 目录中的 php_gd2.dll 文件，也就是本章开始处讲到的图 4-1 所示的内容。如果没有，说明安装 PHP 时没有安装 GD2 库，打开 php.ini 文件，查看文件中是否有一句 ";extension=php_gd2.dll"，如果有，将其中的 ";" 去掉，再将文件中扩展目录 extension_dir 的值设置成 PHP 的 ext 目录所在的完整路径，如 "extension_dir= "E:/php5/ext""，保存后重启 Apache 即可。

4.7.1　用图像处理函数绘制 PNG 图形

在 PHP 中绘制图形一般包括 4 个步骤：（1）创建一个背景；（2）在背景中绘制图形或输入文本；（3）输出图形；（4）释放所有资源。由于绘制图形的函数种类比较多，鉴于篇幅有限，此处仅举一个简单例子让读者体会一下此类函数的使用。例如：

```php
<?php
$image=imagecreate(400, 400);
$background_color = imagecolorallocate($image, 255, 255, 255);
$black=imagecolorallocate($image,0,0,0);
imageline($image, 0,0,100,100,$black);
header("Content-type: image/png");
imagepng($image);
imagedestroy($image);
?>
```

本程序第 2 行中用 imagecreate()函数创建了一幅图像，其语法格式如下：

imagecreate(int $x_size , int $y_size)

其中，$x_size 和$y_size 两个参数分别表示图像的宽度和高度，单位为像素，并返回此图像的数据流，存放到$image 变量中。

第 3 行用 imagecolorallocate()函数为图像设置了白色的背景色。其中，第 1 个参数表示图像流，第 2～4 个参数表示 RGB 色值。第 4 行为图像设置了黑色的背景色。第 5 行用 imageline()函数绘制了一条直线，并设置其颜色为黑色。第 6 行向浏览器发送头信息，输出 PNG 图片。第 7 行输出图形。第 8 行清除资源。

本程序的运行结果如图 4-20 所示。

图 4-20　绘制图形的函数

4.7.2　用图像处理函数制作水印效果

图像处理函数不仅可以处理 PNG 格式的图像，还可以把图像输出为 jpg、gif 等格式。它不仅可以直接创建一个图像流来绘制图形，还可以将现有的图片作为图像流读入，然后在此基础上对图像进行修饰，如加上水印效果等。这种功能常用来防止图片被盗用。

例如，下面这个程序，将在原始图片 picture.jpg 上添加一个水印网址（www.danyangnetworkcommany.com.cn），代码如下：

```
<?php
header("Content-type:image/jpeg ");
$im = imagecreatefromjpeg("picture.jpg");
$black = imagecolorallocate($im,0,0,0);
$width=imagesx($im);
$height=imagesy($im);
imagestring($im,5,6,10," www.danyangnetworkcommany.com.cn", $black);
imagejpeg($im);
imagedestroy($im);
?>
```

本程序的运行结果如图 4-21 所示。

图 4-21　制作水印效果的图像

4.8　自定义函数

　　虽然 PHP 为用户提供了大量的功能函数，但在某些情况下仍然不能满足用户的个性化需求。为此，PHP 为用户提供了自定义函数的功能，程序员可以根据自己的实际需要来编写函数代码，其编写的方法非常简单。

4.8.1　函数的定义与调用

　　自定义函数的语法格式如下：
function function_name($arg1, $arg2,…, $argN) {
　　statements

```
        return expr ;
    }
```

其中，function_name 表示要创建函数的名称。给函数命名时，应遵循与变量命名相同的规则，但函数名不能用美元符号（$）打头。函数名可以是以字母或下划线开头后面跟 0 个或多个字母、下划线和数字的字符串，且不区分大小写。需要注意的是，函数名称不能与系统函数或用户已经定义过的函数重名。$arg1～$argN 是函数的参数，通过这些参数可以向函数传递信息。一个函数可以有多个参数，它们之间用逗号隔开，且都是可选的。参数可以是各种数据类型，如整型、浮点型、字符串以及数组等。

statements 表示在函数体中定义的执行语句，包括调用函数时将会执行的代码，这段代码可以包括变量、表达式、流程控制语句，甚至可以是其他函数或类定义。return 语句用于立即结束此函数的执行并将它的参数作为整个函数的值返回，如果后面不跟任何参数，则仅终止脚本文件而不会返回任何值。return 是语言结构而不是函数，只有在返回的函数结果是一个表达式时才需要用括号将其括起来。

例如，下面的程序定义了一个名为 func1 的函数。

```php
<?php
function func1($x,$y)
{
 if($x==$y)
     echo "x=y";
 else if($x>$y)
     echo "x>y";
 else
     echo "x<y";
}
?>
```

在以上程序代码中，function 是系统关键字，用来定义函数，在此函数中包含了两个参数：$x 与$y，然后在函数体内定义一个 if…else if…else 流程控制语句，用来判断参数$x、$y 的大小，最后输出这两个参数的比较结果。

4.8.2　函数的参数传递

函数的参数传递方式总体上可分为值传递方式和引用传递方式，下面介绍 PHP 自定义函数的参数传递形式。

1. 通过引用传递参数

默认情况下，函数参数的传递形式是值传递，这意味着即使在函数内部改变参数的值，也不会改变函数外部的值。如果需要函数修改它的参数值，则必须通过引用传递参数。若要函数的一个参数通过引用传递，则需要在函数定义中该参数的前面加上引用符号"&"。例如：

```php
<?php
function color(&$col)        //定义函数 color()，其中参数采用引用传递方式
```

```
{
    $col="green";
}
$clr="blue";                    //给$clr 赋值 blue
color($clr);                    //调用函数 color()，参数使用变量$clr
echo $clr;                      //输出"green"，表明原变量$clr 的值已改变
?>
```

2．设置参数的默认值

定义函数时，还可以为函数的参数设置默认值。参数的默认值必须是常量表达式，不能是变量、类成员或函数调用。默认值的数据类型既可以是标量类型，也可以是数组和特殊类型，如 NULL。当使用默认参数时，默认参数的位置必须位于所有非默认参数的右侧。例如：

```php
<?php
function book($author,$newbook="PHP")
{
    echo "我喜欢的书是".$newbook. ",作者是:". $author;
}
?>
```

下面的例子用来综合说明函数中参数的传递方式。

```php
<?php
function pingfang(&$var)        //通过引用传递参数
{
    $var*=$var;
}
function pingfang1($var)
{
    $var*=$var;
}
function display_text($text,$font_name="宋体")
{
    echo "<font face=\"{$font_name}\">{$text}</font>\n";
}
$var=3;
echo "调用函数 pingfang 和 pingfang1 之前：\$var=$var<br/>\n";
pingfang1($var);
echo "调用函数 pingfang1(值传递)之后：\$var=$var<br/>\n";
pingfang($var);
echo "调用函数 pingfang 之后：\$var=$var<br/>\n";
echo "<hr/>\n";
display_text("默认情况下使用宋体<br>\n");
display_text("现在的字体改为隶书<br>\n","隶书");
?>
```

以上程序运行后的网页页面如图 4-22 所示。

图 4-22　函数参数的传递方式

4.8.3　用函数的同名变量实现可变函数

在 PHP 语言中，如果一个变量名后有圆括号，则 PHP 将寻找与变量的值同名的函数，并且将尝试执行它。这就是变量函数的概念。变量函数不能用于语言结构，如 echo、require、print、unset、isset、empty、include 等语句。例如：

```php
<?php
function func1()
{
    echo "这是由函数 fun1()输出的文字<br/>\n";
}
function func2($var)
{
    echo "这是由函数 fun2()输出的内容:$var<br/>\n";
}
function func3($var1,$var2)
{
    echo "这是由函数 fun3()输出的内容:$var1,$var2<br/>\n";
}
$func="func1";
$func();
$func="func2";
$func("你好");
$func="func3";
$func("我爱你","中国");
?>
```

该程序的运行结果如图 4-23 所示。

图 4-23　变量函数

4.8.4 变量在函数中的使用

变量作用域指的是变量定义的上下文背景，而变量在函数中的作用域规定了变量的生效范围，即规定了某变量是在其所在函数体内有效还是在函数体内外都有效。

1. 变量的作用域与包含文件

在这里顺便补充说明一下 PHP 程序中的包含文件语句，用这类语句可以实现在一个 PHP 文件中包含并执行指定的其他文件的程序代码，从而简化代码结构，实现软件的重用性。包含文件语句主要包括 include 语句与 require 语句。它们的语法格式如下：

include filepath ;

require filename ;

其中，filepath 是一个字符串，表示被包含文件的路径。当程序运行到包含语句时，系统会自动指向被包含的文件并执行相应的代码直到代码结束，然后又转回到包含语句的下一条语句运行。require 语句与 include 语句的功能相似，区别是：当找不到文件时，include 语句会产生一个警告，而 require 语句会导致一个致命错误。

在 PHP 中，多数变量不仅在当前 PHP 程序中有效，而且其生效范围也涵盖了 include 和 require 语句中引入的文件。例如：

```php
<?php
$str1="a";;
include "otherprog.php";
?>
```

本程序的第 3 行包含了另外一个 PHP 程序 otherprog.php，则第 2 行中的变量$str1 也将在 otherprog.php 文件中起作用。

2. 局部变量

在用户自定义函数中定义的变量，默认情况下，该变量将仅在所处的函数体范围内有效，这种变量称为局部变量。例如：

```php
<?php
$str1="a";;                //在函数体外定义的变量
function test()
{
    echo   $str1           //函数体内引用的局部变量
}
text();                    //不会产生任何结果
?>
```

3. 全局变量

与局部变量不同，全局变量指的是在函数外部定义的变量。若要在函数内部使用全局变量，可以先使用 global 关键字对其声明，然后就可以在函数体内访问它了。例如：

```php
<?php
$NO1=2;
$NO2=8;
function total()
{
    global $NO1,$NO2;
    $NO2=$NO1+$NO2;
}
total();
echo $NO2;      //将输出计算结果为 10
?>
```

4．静态变量

所谓静态变量，就是使用关键字 static 定义的变量。它仅在局部函数体中存在，当程序执行离开函数作用域时，其值并不会丢失，因此，当下次引用它时将返回最近一次被赋的值。例如：

```php
<?php
function Exam()
{
    Static $a=0;
    echo $a."<br/>";
    $a++;
}
Exam();   //输出 0
Exam();   //输出 1
Exam();   //输出 2
?>
```

以上程序代码运行后的页面如图 4-24 所示。

图 4-24　函数中静态变量的使用

4.9　案例剖析：图像验证码的实现

本章最后将利用 PHP 语言编写一个图像验证码的实现程序。程序中，将综合运用到本章讲到的大多数函数，使读者进一步掌握 PHP 常用内置函数和内置数组的使用方法。

4.9.1 程序功能介绍

用户在登录一个 Web 系统时，除了要求输入用户名和口令之外，为了防止同一个用户在同一时刻多次登录，往往系统还要求用户输入验证码。验证码是在用户登录页面时随机产生的，下面就具体分析一下如何利用前面介绍的 PHP 函数实现此功能。

使用验证码的主要目的是为了防止网络黑客恶意灌水，不断向网站服务器发送一些垃圾信息，影响网站的正常运作，因此要在保证人的肉眼能正确识别验证码图像字符的前提下，尽可能多一些干扰因素，如在图像中加入一些分布不均的黑点、短横线等。

4.9.2 程序代码分析

验证码图像程序一般由 3 部分组成，一部分是位于后台的验证码产生程序，如本例中的 createYZM.php 程序；另一部分是位于前台的 HTML 文件，如本例中的 login.html 程序；最后是用于验证用户输入的验证码是否匹配的 PHP 程序，如本例的 correct.php 程序。

createYZM.php 程序代码如下：

```php
<?php
$NO = rand(1000,9999);                                    //随机生成一个 4 位数的数字验证码
Header("Content-type: image/PNG");
Session_start();
$_SESSION["CheckNO"] = $NO;
srand((double)microtime()*1000000);
$image = imagecreate(60,20);
$black = ImageColorAllocate($image, 0,0,0);
$gray = ImageColorAllocate($image, 200,200,200);
imagefill($image,0,0,$gray);                              //创建图片，定义颜色值
$style = array($black, $black, $black, $black, $black, $gray, $gray, $gray, $gray, $gray);
imagesetstyle($image, $style);
$y1=rand(0,20);
$y2=rand(0,20);
$y3=rand(0,20);
$y4=rand(0,20);
imageline($image, 0, $y1, 60, $y3, IMG_COLOR_STYLED);     //随机绘制两条虚线，起干扰作用
imageline($image, 0, $y2, 60, $y4, IMG_COLOR_STYLED);
for($i=0;$i<80;$i++)
{
    imagesetpixel($image, rand(0,60), rand(0,20), $black);  //在画布上随机生成大量黑点
}
$strx=rand(3,8);
for($i=0;$i<4;$i++){
    $strpos=rand(1,6);
    imagestring($image,5,$strx,$strpos, substr($NO,$i,1), $black);//将 4 个数字随机显示在画布上
    $strx+=rand(8,12);
}
ImagePNG($image);
```

```
ImageDestroy($image);
?>
```

login.html 程序代码如下：

```
<HTML>
<HEAD>
<TITLE>图形验证码的实现</TITLE>
</HEAD>
<body>
<form action="correct.php" method="post" >
<table align="center">
<tr><td>
<img src=createYZM.php>
</td></tr>
<tr><td>请输入上面显示的验证码： <input type="text" name="correctcode"></td><tr>
<tr><td><input type=submit value="提交"></td></tr>
</table>
</form>
</body >
</HTML>
```

correct.php 程序代码如下：

```
<?php
session_start();
$passcode=$_SESSION["CheckNO"];
$userInput=$_POST["correctcode "];
if($passcode == $ userInput){
    echo "验证码匹配！通过验证！ ";
}else{
    echo "你输入的验证码不匹配！没通过验证！ ";
}
?>
```

以上代码为完整的代码，其中包含 HTML 语言。在浏览器中查看的效果如图 4-25 和图 4-26 所示。

图 4-25　图像验证码的实现　　　　　　　图 4-26　图像验证码验证程序

4.10　本章小结

本章着重介绍了常见的数组、字符串处理、时间日期处理等内置函数的功能及其用法，同时还介绍了几种用法及功能与内置函数相似的内置数组。在本章最后，介绍了如何综合利用函数和内置数组来实现图像认证码。

4.11　练 习 题

1．列举至少 10 个处理字符串的函数，并简要说明它们的功能。

2．若要显示的时间格式为"××××年××月××日"，应怎样设置 date()函数的格式字符串？

3．在用户自定义函数中，怎样定义静态变量？它有什么特点？

4．什么是局部变量和全局变量？简述它们有何区别。

5．列举至少 4 种内置数组，并简要说明它们的功能。

6．简述 Session 与 Cookie 的工作原理，并说明它们有什么区别。

4.12　上 机 实 战

设计一个程序，首先制作一个如图 4-27 所示的表单，并将客户端提交的"每月生活费用支出表"的表单数据转换为如图 4-28 所示饼状百分比图。

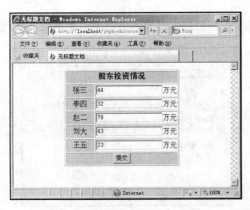

图 4-27　表单格式

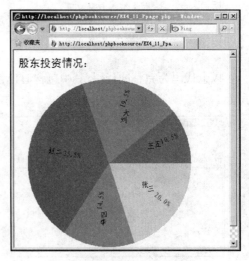

图 4-28　饼状百分比图

第 5 章　目录与文件操作

知识点：

- ☑ 在 PHP 程序中检查文件是否存在
- ☑ 打开和关闭文件
- ☑ 写入和读取文件
- ☑ 文件的复制、删除操作
- ☑ 目录的创建、读取、删除操作
- ☑ 文件的上传

本章导读：

　　PHP 中有很多文件处理函数，其功能包括对文件和目录进行各种操作，如将用户提交的数据保存到文件中，也可以将文件包含的数据读取到网页上，还可以在文件中添加、更新数据。最后，PHP 还可以通过$_FILE 及其他内置数组来实现用户文件的上传，并进行相关处理。

5.1　文　件　操　作

　　文件操作在 PHP 编程中具有重要地位。很多情况下，用户要对普通文件进行操作，如读取文件、判断某文件是否存在以及文件存放的目录位置等。

5.1.1　文件的基本操作方法

　　在对文件操作之前，要先打开文件，然后才可以读取和写入文件，文件操作完毕之后还要关闭文件。

　　（1）打开文件

　　打开文件要使用内置函数 fopen()，其语法格式如下：

　　$fp= fopen(string filename, string mode)

　　需要注意的是，必须把 fopen()函数的返回值赋给一个变量，如$fp，这个变量代表文件的指针。其中，filename 是要打开的文件名称，必须为字符串形式。如果 filename 表示的是一个文件的路径，如 http://...类的格式，则被当成一个 URL，此时 fopen()函数将利用所指定的协议与服务器连接，文件指针指到服务器返回文件的起始处。如果 PHP 认为 filename 指定的是一个本地文件，将尝试在该文件上打开一个流。必须确保该文件能被 PHP 访问，因此需要确认文件包括读写的访问权限。mode 是打开文件的方式，必须为字符形式，其可能值如表 5-1 所示。

表 5-1　文件打开的方式

参 数 值	含 　 义
"r"	只读形式，文件指针指向文件的开头
"r+"	可读可写文件，指针指向文件的开头
"w"	只写形式文件，指针指向文件的开头，打开的同时清除所有内容，如果文件不存在，则尝试建立文件
"w+"	可读可写文件，指针指向文件的开头，打开的同时清除所有内容，如果文件不存在，则尝试建立文件
"a"	追加形式文件（只可写入），文件指针指向文件的最后，如果文件不存在将尝试建立文件
"a+"	追加形式文件（可读可写），文件指针指向文件的最后，如果文件不存在将尝试建立文件
"x"	写入方式打开，如果文件存在则打开失败，不存在则创建。如果文件已存在，则 fopen() 调用失败并返回 FALSE，并生成一条 E_WARNING 级别的错误信息。如果文件不存在则尝试创建它。此选项被 PHP 4 及以后的版本所支持，仅能用于本地文件
"x+"	读写方式打开，如果文件存在则打开失败，不存在则创建。如果文件已存在，则 fopen() 调用失败并返回 FALSE，并生成一条 E_WARNING 级别的错误信息。如果文件不存在则尝试创建它。此选项被 PHP 4 及以后的版本所支持，仅能用于本地文件

如下面这个小程序：

```php
<?php
$handle=fopen("abc.txt","r+");        //以读写方式打开文件，并以文件流的形式赋给$handle
if($handle)                           //如果文件流存在
     echo "打开成功";
else                                  //如果文件流不存在
     echo "打开文件失败";
>
```

（2）读取文件

PHP 中，读取文件需要使用内置函数 fread()。该函数用于读取文件的内容，其语法格式如下：

$fc= fread(int $handle, int $length)

在使用 fread()函数时，必须将其返回值赋给一个变量，如$fc。函数中，参数$handle 表示 fopen()函数返回的文件指针；参数$length 表示希望读取的字节数，其最大取值为 8192。在读完$length 个字节数之前遇到文件结尾标志（EOF），则返回所读取的字符，并停止读取操作，在读取文件时，如果不确定文件的大小，可以用一个较大的数字来替代。文件读取成功将返回所读取的字符串，否则返回 FALSE。

例如，下面这个小程序：

```php
<?php
$handle=fopen("abc.txt", "rb");        //打开一个本地的二进制文件
```

```
$stringcont="";                              //将字符串初始化为空
while(!feof($handle))                        //判断是否到文件末尾
{
    $data=fread($handle,8192);               //读取文件内容
    $stringcont.=$data;                      //将读取到的字符数据赋给字符串
}
echo $stringcont;                            //输出内容
fclose($handle);                             //关闭文件
?>
```

（3）写入文件

在 PHP 中可以使用 fwrire()函数向现有文件内写入数据。如果文件不存在，则应先使用 fopen()函数创建。此时，文件打开方式的参数值应是 "w"、"w+"、"a" 或 "a+"。例如，下面的代码将在 C 盘 example 目录下新建一个名为 exam1.txt 的文件。

```
<?php
$handle=fopen("C:\\example\\exam1.txt", "w");
?>
```

文件打开后，向文件中写入内容可以使用 fwrite()函数，其语法格式如下：

fwrite(resource $handle , string $string [, int $length])

其中，参数$handle 是 fopen()函数返回的文件指针，$string 是将要写入到由$handle 所指定的文件中的字符串数据，$length 是可选参数。如果指定了$length，则在写入了$string 中的前$length 字节的数据后停止写入。最后，fwrite()函数将返回写入数据的字节数。

例如，下面的程序：

```
<?php
$handle=fopen("E:\\TOOL\\abc.txt", "w+");     //打开 abc.txt 文件，不存在则先创建
$num=fwrite($handle,"这是新添内容",16);        //将返回的写入字符的长度赋给变量$num
if($num)
{
    echo "写入文件成功<br>";
    echo "写入的字节数为".$num."个";
    fclose($handle);                          //关闭文件
}
else
    echo "文件写入失败";
?>
```

执行以上程序代码后，abc.txt 文件内容的前后变化如图 5-1 所示。

图 5-1 利用 fwrite()函数向文件写入新内容

程序运行结果如图 5-2 所示，从中可以查看到成功写入了多少字节的字符。

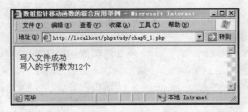

图 5-2　程序运行结果

（4）关闭文件

文件处理完毕后，需要使用 fclose()函数关闭文件，其语法格式如下：

fclose(resource $handle)

参数$handle 为要关闭的文件指针（该指针必须有效），如果关闭成功，则返回 TRUE，否则返回 FALSE。例如：

```php
<?php
$handle=fopen("D:\\example\\A.php","w");          //以只写方式打开文件
if(fclose($handle))                               //判断是否成功关闭文件
      echo "关闭文件成功";
else
      echo "关闭失败";
?>
```

5.1.2　文件操作的重要函数

前面讲述了文件的打开操作、读写操作和关闭操作，在实际编程中仅使用这些函数往往不能满足开发需要，通常还要用到其他一些重要的文件操作函数，如表 5-2 所示。

表 5-2　重要的文件操作常用函数

函　　数	功　　能
filetype(string $filename)	返回$filename 文件的类型。可能的值有 fifo、char、dir、block、link、file 和 unknown
filesize(string $filename)	返回$filename 文件大小的字节数，如果出错返回 FALSE，并生成一条 E_WARNING 级的错误
file(string $filename)	把整个$filename 文件读入一个数组中，文件中的每一行作为数组中的一个元素，操作时，无须打开文件
file_get_contents(string $filename)	读取$filename 文件内容
is_readable(string $filename)	如果由$filename 指定的文件或目录存在并且可读则返回 TRUE
is_writable(string $filename)	由$filename 指定的文件或目录存在并且可写则返回 TRUE
readfile(string $filename)	读取$filename 文件，无须打开此文件
unlink(string $filename)	删除$filename
file_exist(string $filename)	如果由$filenam 指定的文件或目录存在则返回TRUE,否则返回FALSE
fgetc(string $filename)	从文件$filename 中读取一个字符

续表

函　　数	功　　能
fgets(string $filename)	从文件$filename 中读取一行字符
feof(string $filename)	判断文件指针是否达到文件末尾
filemtime(string $filename)	读取文件的最后修改时间
copy(string $src, string $targ)	将$src 文件复制到$targ 文件中

表 5-2 中，每个函数都有一个表示文件名的参数$filename，它包含文件存放的目录路径以及文件名本身。Windows 中支持 "\" 和 "/" 作为路径分隔符（如 "C:\TEMP\ABC.php" 和 "C:/TEMP/ABC.php" 是等价的），但 UNIX 平台只支持 "/" 作为路径分隔符，所以如果想使编写的程序不加任何修改就能移植，建议使用 "/" 作为文件的路径分隔符。

5.1.3　文件操作函数的综合案例

下面用一个具体案例来综合演示常见的文件操作全过程，其中将要用到前面所讲的重要函数。

```php
<?php
$handle=fopen("demo1.txt", "r");
while(!feof($handle))                        //判断是否到文件尾
{
    $char=fgetc($handle);                    //获取当前一个字符
    echo ($char== "\n"? '<br>':$char);
}
$handle=@fopen("demo1.txt","r");             //打开文件
if($handle)
{
    while(!feof($handle))                    //判断是否到文件末尾
    {
        $buffer=fgets($handle);              //逐行读取文件内容
        echo $buffer. "<br>";
    }
    fclose($handle);                         //关闭文件
}
$filestring=file_get_contents("demo1.txt");
echo $filestring ."<br/>";
$line=file("demo1.txt");                     //将文件 demo1.txt 中的内容读取到数组$line 中
foreach($line as $file)                      //遍历$line 数组
{
    echo $file. "<br>";                      //输出内容
}
$filename="demo1.txt";
$num=filesize($filename);                    //计算文件大小
echo($num/1024). "KB"."<br/>";               //以 KB 为单位输出文件大小
$filename = '_notes/demo2.txt';
```

```
if(file_exists($filename))              //检查 demo2.txt 文件是否存在
{
    echo "文件存在" ."<br/>";
}
else
{
    echo "该文件不存在" ."<br/>";
}
$filename = '_notes/demo2.txt';
unlink($filename);                      //删除磁盘根目录下_notes目录中的demo2.txt文件
$sourcefile="_notes/a.txt";
$targetfile="../phpstudy/b.txt";
if(copy($sourcefile,$targetfile))
{
    echo "文件复制成功！";
}
?>
```

以上程序代码运行后，在 IE 浏览器中得到的结果如图 5-3 所示。

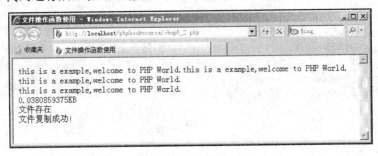

图 5-3　文件操作函数

当然，此类函数还有很多，由于篇幅有限，这里不再一一介绍，读者可查阅 PHP 手册或其他相关资料自行学习。

5.2　目　录　操　作

通常对某文件进行操作时需要寻找它所在的目录路径，对目录的操作主要是利用目录函数来实现的。下面就来介绍一下常用的目录操作函数。

5.2.1　创建和删除目录

使用 mkdir()函数可以根据用户提供的目录名或目录的全路径创建新的目录。创建成功，返回 TRUE，否则返回 FALSE。其语法格式如下：

bool mkdir(string pathname [, int mode])

其中，pathname 表示要创建的路径名称，mode 表示创建目录时设置的对该目录读写权

118

限。mode 由 4 位数字组成，第一位为 0，后三位为 3 个八进制数，每一个八进制数指定不同用户对该文件的权限。第一个八进制数代表文件所有者的权限，第二个八进制数代表指定组（group）的权限，第三个八进制数指定其他所有人的权限（public），每一个数字都包含读、写和执行 3 种权限（其权限值分别为 1、2、4），3 个值相加就是某个用户对某个文件的权限。例如，如果允许目录创建者有读、写和执行的权限，本组人员只有读和执行的权限，其他人员仅有读的权限，则可以把 mode 设定为 0751。

例如，下面这个程序将创建一个只有创建者才具有读、写和执行权限的目录，其他用户没有任何访问权限。

```php
<?php
if(mkdir("./directory",0700))                //在当前目录中创建 path 目录
      echo "创建成功";
?>
```

如果要在 PHP 代码中删除指定的目录，可以使用 rmdir() 函数来实现，其语法格式如下：
bool rmdir(string dirname)
该函数的功能是删除 dirname 指定的目录。该目录必须是空的，如果目录不为空，则需要先删除目录中的文件后才能删除目录。若删除成功则返回 TRUE，否则返回 FALSE。例如：

```php
<?php
mkdir("C:/dir1");                        //在当前工作目录中创建 dir 目录
if(rmdir("C:/dir1"))                     //删除 dir 目录
      echo "删除成功";
?>
```

5.2.2　获取和更改当前目录

在 PHP 中，可以通过两个函数来获取和设置当前目录，即 getcwd() 函数和 chdir() 函数。下面介绍这两个函数的功能和用法。

1．getcwd() 函数获取当前工作目录

getcwd() 函数的语法格式如下：
string getcwd(void)
本函数无需参数，其作用是取得当前的工作目录。如果成功取得，返回当前工作目录，否则返回 FALSE。

2．chdir() 函数改变当前工作目录

用 chdir() 函数可以改变当前目录，其语法格式如下：
bool chdir(string directory)
使用 chdir() 函数可以改变当前工作目录的设置，其中参数 directory 是新的当前目录。

下面举例来阐述这两个函数的具体应用。

```php
<?php
echo getcwd()."<br>";              //显示当前工作目录
@mkdir("../temp");                 //在网站根目录中建立 temp 目录
@chdir('../ temp');                //设置 temp 目录为当前工作目录
echo getcwd();
?>
```

本程序的运行结果如图 5-4 所示。

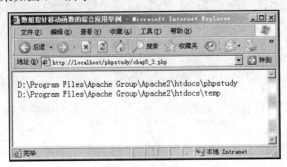

图 5-4　chdir()函数的应用

5.2.3　读取目录内容

如果在 PHP 程序脚本中要获取一个目录中的内容，可以利用 readdir()函数来实现。该函数的参数是一个已经打开的目录句柄，在每次调用时返回目录中下一个文件的文件名，在列出了所有的文件名后，函数返回 FALSE。因此，该函数结合 while 循环可以实现对目录的遍历。如下列程序：

```php
<?php
$dir="../phpweb/manage";
$dir_handle=opendir($dir);         //打开目录句柄
if($dir_handle)
{
    //通过 readdir()函数返回值是否为 FALSE 判断是否到最后一个文件
    while(FALSE!==($file=readdir($dir_handle)))
    {
        echo $file ."<br>";        //输出文件名
    }
    closedir($dir_handle);         //关闭目录句柄
}
else
    echo "打开目录失败！";
```

本程序的运行结果如图 5-5 所示。

图 5-5　利用 readdir()函数读取目录内容

此外，scandir()函数也有与 readdir()函数类似的功能，该函数的功能是列出指定路径中的目录和文件，语法格式如下：

array scandir(string $directory [, int $sorting_order [, resource $context]])

其中，$directory 为指定路径；$sorting_order 为目录和文件的指定排列顺序，默认是按字母升序排列，如果设为 1 则表示按字母的降序排列；$context 是可选参数，是一个资源变量，保存了与具体操作对象有关的一些数据。scandir()函数运行成功，则返回一个包含指定路径下的所有目录和文件名的数组，否则返回 FALSE。例如：

```php
<?php
$dir="../ phpweb/manage";
$file1=scandir($dir);
$file2=scandir($dir,1);
if($file1==FALSE)
{
    echo "读取失败";
}
else
{
    print_r($file1);
}
print_r($file2);
?>
```

以上程序的运行结果如图 5-6 所示。

需提醒读者注意的是，程序中采用了两种方式来读取目录内容。第一种方式是按目录中文件名的升序来查看文件（见第 3 行代码，即"$file1=scandir($dir);"），显示效果如图 5-6 中的第 1～7 行所示；第二种方式是按目录中文件名的降序来查看文件（见第 4 行代码，即"$file2=scandir($dir,1);"），显示效果如图 5-6 中的第 8 行至最后一行所示。

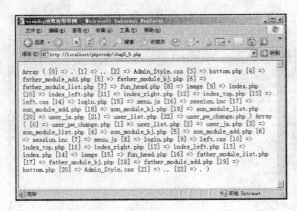

图 5-6　利用 scandir()函数读取目录内容

5.2.4　解析路径信息

在 PHP 程序脚本中，利用 pathinfo()函数可以返回文件所在的目录路径信息，其语法格式如下：

array pathinfo(string directory [, int options])

其中，参数 directory 表示一个路径，options 指定要返回哪些元素，包括 PATHINO_DIRNAME（目录名）、PATHINFO_BASENAME（基本文件名）和 PATHINFO_EXTENSION（文件扩展名）。本函数返回一个数组，该数组包括 dirname （目录名）、basename（基本文件名）和 extension（文件扩展名）。下面举例来说明如何利用 pathinfo()函数对文件路径进行解析。

```php
<?php
$dqianpage=$_SERVER['SCRIPT_FILENAME'];          //获取当前网页在服务器中的地址
$path=pathinfo($dqianpage);
echo "当前网页存储路径信息解析结果：<br/>";
echo "完整路径：".$dqianpage."<br/>";
echo "目录名称".$path["dirname"]."<br/>";
echo "基本文件名:".$path["basename"]."<br/>";
echo "文件扩展名:".$path["extension"]."<br/>";
?>
```

本程序的运行结果如图 5-7 所示。

图 5-7　文件的路径解析函数举例

其中，$_SERVER[]是 PHP 内置的预定义数组，用于获取有关网站服务器的信息。关于预定义数组在第 4 章已作了介绍，这里不再赘述。

5.3　文件上传的实现

所谓文件上传，就是将客户端的文件复制到服务器端。有了文件上传的功能，用户不仅可以为网站动态添加附件，还可以实现网站中相关图片、Flash 动画、声音文件等的动态更新。若要 PHP 网站具有上传文件的功能，则首先应在其 php.ini 配置文件中开启 file_uploads，即设置为 "file_uploads = On"，还要设置上传文件所使用的临时目录 upload_tmp_dir，如设置为 "upload_tmp_dir ="e:\php5\uploads\""，最后设置上传文件的最大容量值 upload_max_filesize。系统默认的最大容量值是 2MB，如要设置更大的容量（如 5MB），则需要对 upload_max_filesize 重新赋值，如 upload_max_filesize=5M。

5.3.1　创建文件域

实现文件上传功能的前提是要在客户端网页上创建一个表单，并且表单上要添加若干文件域，以方便用户选择本地磁盘上的文件进行上传，文件域相当于文本框，用于输入上传文件在本地磁盘上存放的位置。与普通文本框不同的是，在文件域旁边通常有一个"浏览"按钮。在 HTML 语言中，用 input 标记创建一个文件域，语法格式如下：

`<input type="file" name="string" size="int" maxlength="int">`

其中，name 属性指定文件域的名称，size 属性指定文件名输入框最多能显示的字符数，maxlength 属性指定文件域最多可容纳的字符数。

5.3.2　单个文件的上传

在文件上传过程中，往往要用到预定义数组$_FILES，它是一个二维数组，包含了所有要上传文件的信息。如果 HTML 表单中的文件域名称为 file，则上传后的文件信息可以使用以下形式获取。

- ❑　$_FILES['file']['name']：客户端上传的源文件名。
- ❑　$_FILES['file']['type']：上传文件的类型，需要浏览器提供该信息的支持。常用的值包括："text/plain"表示普通文本文件；"image/gif"表示 GIF 图片；"image/pjpeg"表示 JPEG 图片；"application/msword"表示 word 文件；"text/html"表示 html 格式的文件；"application/pdf"表示 PDF 格式文件；"audio/mpeg"表示 mp3 格式的音频文件；"application/x-zip-compressed"表示 ZIP 格式的压缩文件；"application/octet-stream"表示二进制流文件，如 EXE 文件、RAR 文件、视频文件等。
- ❑　$_FILES['file']['tmp_name']：文件被上传后在服务器端储存的临时文件名。
- ❑　$_FILES['file']['size']：已上传文件的大小，单位为字节。
- ❑　$_FILES['file']['error']：错误信息代码。值为 0 表示没有错误发生，文件上传成功；

值为 1 表示上传的文件超过了 php.ini 文件中 upload_max_filesize 选项限制的值；值为 2 表示上传文件的大小超过了 HTML 表单中规定的最大值；值为 3 表示文件只有部分被上传；值为 4 表示没有文件被上传；值为 5 表示上传文件大小为 0。

上传文件结束后，文件将被存储在临时目录中，这时必须将其从临时目录中删除或移动到其他地方。不管是否上传成功，脚本执行完后临时目录中的文件肯定会被删除。所以在删除之前要使用 PHP 的 move_uploaded_file()函数将它移动到网站管理员指定的位置，此时，才算完成了文件上传。move_uploaded_file()函数的语法格式如下：

bool move_uploaded_file(string $filename , string $destination)

其功能是检查并确保$filename 文件是合法的上传文件。如果合法，则将其移动到$destination 指定的目录下，移动成功后返回 TRUE；如果$filename 不是合法的上传文件，则不做任何操作，同时返回 FALSE。例如：

```
move_uploaded_file($_FILES['myfile']['tmp_name'], "upload/index.txt")
```

本句代码表示将由表单文件域控件"myfile"上传的文件移动到 upload 目录下并将文件命名为"index.txt"。

判断是否是合法的上传文件，也就是判断是否是通过 HTTP POST 上传的，这时需要使用 is_uploaded_file()函数，语法格式如下：

bool is_uploaded_file(string filename)

如果 filename 文件是通过 HTTP POST 上传的，则返回 TRUE，否则返回 FALSE。这个函数用来避免某些恶意用户欺骗脚本，使其访问一些根本无法访问的文件。例如，下面这个程序：

```php
<form enctype="multipart/form-data" action="" method="post">
<input type="file" name="myFile">
<input type="submit" name="up" value="上传文件">
</form>
<?php
if(isset($_POST['up']))
{
    if($_FILES['myFile']['type']=="application/msword ")          //判断文件格式是否为 Word
    {
        if($_FILES['myFile']['error']>0)                          //判断上传是否出错
            echo "错误：".$_FILES['myFile']['error'];              //输出错误信息
        else
        {
            $tmp_filename=$_FILES['myFile']['tmp_name']; //临时文件名
            $filename=$_FILES['myFile']['name'];          //上传的文件名
            $dir="_notes/";                               //上传后文件的位置
            if(is_uploaded_file($tmp_filename))           //判断是否通过 HTTP POST 上传
            {
            //上传并移动文件
                if(move_uploaded_file($tmp_filename, "$dir.$filename"))
                {
                    echo "文件上传成功！";
```

```
                    echo "文件大小为：". ($_FILES['myFile']['size']/1024)."KB";//输出文件大小
                }
            else
                echo "上传文件失败！";
            }
        }
    }
    else
    {
        echo "不好意思，你上传的文件不是 Word！";
    }
}
?>
```

其中，程序的第一行中有"enctype="multipart/form-data""，要实现文件的上传功能，必须在表单中指定 enctype="multipart/form-data"，否则服务器无法判断程序是如何运行的。程序运行后，单击"上传文件"按钮，出现如图 5-8 所示的选择上传文件的对话框，文件上传成功后显示的页面如图 5-9 所示。

图 5-8　单个文件的上传举例

图 5-9　单个文件上传成功

5.3.3　多个文件的上传

PHP 支持同时上传多个文件并将它们的信息自动以数组形式组织。要实现此功能，需要在 HTML 表单中动态地产生多个上传文件域，其文件域的名称应定义为形如 userfile[]的数组形式，这需要借助于客户端的 JavaScript 来实现。如下面这段程序：

```
<html >
<head>
<title>同时上传多个文件</title>
</head>
<body>
<h2>上传文件实例</h2>
<script type="text/javascript">
```

```
function add()        //用 JavaScript 编写的函数，用来实现动态生成文件域
{
    upload.innerHTML+="要上传文件： <input type=file name='userfile[]'><br>";
}
</script>
<form action="" method="post" enctype="multipart/form-data" name="form1">
    <input type="hidden" name="MAX_FILE_SIZE"   value="1048600" id="hiddenField" />
    <div id=upload>要上传文件: <input name='userfile[]' type="file" /> <br></div>
    <input type="button" onclick="add()" value="添加要上传的文件" />      //在按钮上添加 onclick
行为，并将此行为映射到 add()函数
    <input type="submit" value="上传文件" />
</form>
<?php
for($j=0;$j<sizeof($_FILES['userfile']['error']);$j++)
{
    $ext=substr($_FILES['userfile']['name'][$j],strrpos($_FILES['userfile']['name'][$j],"."));
    $upfile='_notes/'.'examfile_'.$_FILES['userfile']['name'][$j].time().$ext;
    if(is_uploaded_file($_FILES['userfile']['tmp_name'][$j]))
    {
        if(!move_uploaded_file($_FILES['userfile']['tmp_name'][$j],$upfile))
        {
            echo $j.'问题在于:无法上传到指定路径';
            exit;
        }
    }
    else
    {
        echo $j.'问题在于:上传的文件格式不符合要求';
        echo $_FILES['userfile']['name'][$j];
        exit;
    }
echo '第'.$j.'个文件上传文件成功'."<br/>";
}
?>
</body>
</html>
```

本程序的运行结果如图 5-10 和图 5-11 所示。

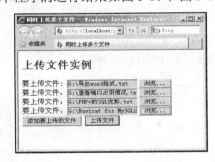

图 5-10   多个文件的上传

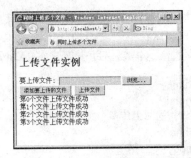

图 5-11   多个文件上传成功

5.4　案例剖析：基于文件名的目录搜索

众所周知，计算机可以存储大量的信息资源，这些信息资源往往是以文件形式存放到计算机存储器上。用户在存储和检索文件时，通常是按文件名进行存取的，所以，下面来讲解如何根据文件名搜索所需要的文件。

5.4.1　程序功能介绍

本程序要实现的功能是能够按文件名进行模糊查询，意思就是用户只需输入文件名的个别关键字，程序就能将所有包含该关键字的文件查找到，并将搜索结果显示出来。

5.4.2　程序代码分析

根据上述功能分析，可编写如下代码。

```
<html>
<head>
<title>基于文件名的目录搜索引擎</title>
</head>
<body>
<form action="" method="post" enctype="multipart/form-data">
  在目录中搜索：<input type="text" name="txttarget" id="textfield" />
  <input type="submit" value="搜索" />
</form>
<hr/>
<?php
$folder="_notes";
$handle=dir($folder);
$txttarget=$_POST['txttarget'];
global $i,$p;
$i=0;
while($files[]=$handle->read())
{
    $i++;
}
if(!$txttarget)
{
    for($i=2;$i<count($files);$i++)
    {
        echo "<a herf=$folder/$files[$i]>".$files[$i]."</a><br/>";
    }
    $p=(count($files)-3);
}
else
```

```
{
    for($i=2;$i<count($files);$i++)
    {
        if(eregi($txttarget,$files[$i]))
        {
            echo "<a herf=$folder/$files[$i]>".$files[$i]."</a><br/>";
        $p++;
        }
    }
}
$handle->close();
echo $folder."文件夹中符合条件的文件数量:".$p;
?>
</body>
</html>
```

上述代码用到了前面讲到的部分目录和文件操作函数，还用到了 eregi()函数。该函数用于对匹配字符串进行检测，其语法格式为 eregi(string pattern,string str)，如果在字符串 str 中有 pattern 字符串，则返回 TRUE，否则返回 FALSE。eregi()函数在进行比较时会区分字符的大小写，关于该函数的详细知识，将在第 8 章中做详细讲述。

程序的运行结果如图 5-12 所示。

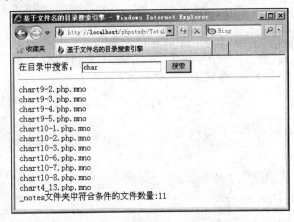

图 5-12　基于文件名的目录搜索

5.5　本　章　小　结

本章介绍了常用的目录和文件操作函数以及文件上传的实现。在叙述主要内容时，列举了很多实用的典型案例，力求使读者能尽快掌握本章的重点知识。通过本章的学习，读者应能利用 PHP 对文件和目录进行常见的操作。

5.6　练　习　题

1．简述 PHP 中的文件打开方式有哪几种，有哪些文件操作权限，以及它们之间有何异同。

2．怎样检测一个文件或目录是否存在？

3．将数据写入文件有哪两种模式？

4．如果要列出一个目录中的所有文件和目录，有哪几种方式？

5．如果获取上传的文件？怎样将上传的文件移动到指定的位置？

6．PHP 中有哪些函数可以实现从文本文件中逐行读取数据？

5.7　上　机　实　战

要求读者根据本章所讲的知识，使用之前学过的数组知识及其他方法，编写一个计算投票数量的程序，其运行预期效果如图 5-13 所示。

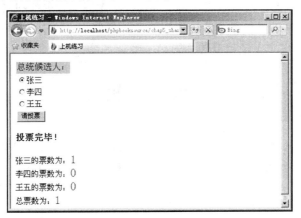

图 5-13　计票程序

第 6 章 MySQL 数据库的安装与使用

知识点:

- ☑ MySQL 数据库系统简介
- ☑ MySQL 数据库系统的安装与设置
- ☑ MySQL 中的数据类型
- ☑ 结构化查询语言
- ☑ MySQL 数据库管理工具

本章导读:

动态网站之所以称为"动态",很大原因是因为它自始至终离不开数据库。为了更好地组织和使用数据,往往需要将数据存储在服务器端的后台数据库中。数据库系统其实就是一个软件系统,通过该系统可以将大量数据进行存储和管理,目前在业界用得较多的有 Oracle、SQL Server 等大型网络数据库以及 Access、VFP 等小型桌面数据库。而对于网站开发来说,用一般的中小型数据库系统就足够了,其中,MySQL 是目前在 Web 应用领域(尤其是 PHP 网站开发中)使用最为广泛的一种数据库。

6.1 MySQL 数据库简介

MySQL 是 MySQL AB 公司开发的一种开源代码的关系数据库管理系统,它由一个多线程 SQL 服务器、多种客户端程序、管理工具以及编程接口组成。

6.1.1 Web 开发与数据库

利用 Web 进行数据处理是以现代信息技术和数字化网络通信技术为基础的,通过计算机信息处理,可以实现商品销售、服务交易和企业信息处理的数字化。随着 Web 技术的发展,数据库技术被引入到了 Web 系统中, Web 技术与数据库技术的完美融合,使得程序员可以开发出基于 Web 模式的数据库应用系统(Web 数据库系统),从而充分发挥数据库高效的数据存储和管理能力,为广大 Internet 用户提供简单、快捷、内容丰富的动态服务。

从一般情况来看,使用 Web 数据库往往是要解决数据的归纳、索引和维护等问题,因此,一般选择流行的关系型数据库产品,如 Windows 2000 Server 下的 SQL Server、UNIX 下的 MySQL、Oracle 等。这些都是功能很强的 SQL 数据库,可为数据管理提供一个标准而坚实的接口,因此常被用作 Web 网站的后台数据库。

6.1.2　MySQL 数据库概述

　　MySQL 是一个多线程 SQL 服务器，采用客户机/服务器体系结构，客户机通过网络连接到 MySQL 数据库服务器上并提交数据操作请求，MySQL 服务器用于监听客户机的请求，再根据这些请求访问数据库并向客户机提供所需要的数据。MySQL 服务器启动后，客户机才能通过网络连接到该服务器。

　　在 Windows 平台上，安装 MySQL 时通常已将其安装为 Windows 服务，当 Windows 启动或停止时，MySQL 也随之启动或停止。除此之外，用户也可以使用服务工具来启动和停止 MySQL 服务器。其方法是：右击桌面上的"我的电脑"图标，在弹出的快捷菜单中选择"管理（G）"命令，然后在弹出的树形目录窗口中选择"服务和应用程序"下的"服务"选项，则在窗口右方列出了所有的 Windows 服务，在其中查找并选中 MySQL 选项，即可利用工具栏上的图标来启动或停止 MySQL 服务器，如图 6-1 所示。

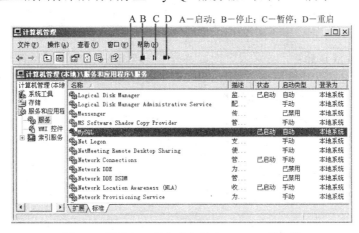

图 6-1　用服务工具启动和停止 MySQL 服务器

6.2　MySQL 数据库的安装与系统设置

　　MySQL 在 Linux 和 Windows 平台上都可以稳定、良好地运行，下面主要介绍如何在 Windows 平台上安装 MySQL 数据库管理系统。

6.2.1　下载 MySQL 安装包

　　MySQL 的官方网站 www.mysql.com 提供了 3 种可供下载的 MySQL 5.0 安装软件包，用户可以根据自己的实际情况进行选择。

　　❑　基本安装：该安装软件包的文件名类似于 mysql-essential-5.0.22-win32.mis，包含了在 Windows 中安装 MySQL 时所需要的最少文件，并包含配置向导在内；不包含嵌入式服务器和基准套件等可选组件。

- 完全安装：该安装软件包的文件名类似于 mysql-5.0.22-win32.zip，包含了在 Windows 中安装 MySQL 时所需要的全部文件，包含配置向导、嵌入式服务器和基准套件等可选组件。
- 非自动安装文件：该安装软件包的文件名类似于 mysql-noinstall-5.0.22-win32.zip，包含完整安装包中除配置向导之外的全部文件。由于它不包含自动安装程序，所以用户必须手动进行安装和配置。

建议读者选择完全安装方式。在安装前，先到 MySQL 官方网站上下载 mysql-5.0.22-win32.zip 文件，然后双击该文件即可进行安装。

6.2.2 安装 MySQL

将 mysql-5.0.22-win32.zip 安装软件包下载到本地磁盘后，即可开始安装，具体步骤如下：

（1）将 mysql-5.0.22-win32.zip 解压，得到一个 setup.exe 文件，双击此文件运行安装程序，出现如图 6-2 所示的安装向导界面。也可直接双击 mysql-5.0.22-win32.zip 文件，计算机将自动启动 setup.exe 安装程序。

（2）单击 Next 按钮，进入安装类型选择界面，如图 6-3 所示。系统默认选项为 Typical（典型）安装。这里选择第 3 种类型即 Custom（自定义）安装，以便在接下来的安装过程中用户可根据实际需要自由选择安装目录。

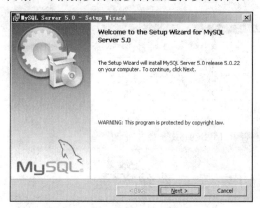

图 6-2　安装向导界面

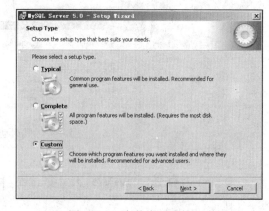

图 6-3　"安装类型选择"界面

（3）单击 Next 按钮，出现"自定义安装"界面，用户在此可选择要安装的各种组件。因为即使安装所有的组件也只需要 25MB 的空间，因此建议不做特别的改动，保持默认选择即可。单击窗口下方的 Change 按钮可选择系统的安装目录，如图 6-4 所示。

（4）单击 Next 按钮，系统将提示安装准备就绪，提醒用户确认安装，如图 6-5 所示。确认无误后单击 Install 按钮，出现如图 6-6 所示的安装进度提示窗口。安装完成后，将出现 MySQL 注册窗口，提示创建一个 MySQL 通行证或登录 MySQL 通行证。鉴于大多数读者安装 MySQL 仅用于学习目的，并没有 MySQL.com 的账号和密码，故在此处建议读者选择 Skip Sign-up 直接跳过 MySQL 通行证的申请和注册这一环节（MySQL 官方是允许的），如图 6-7 所示。

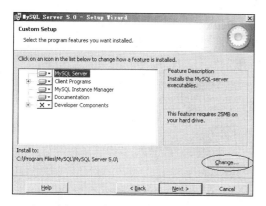

图 6-4　安装组件与目录选择

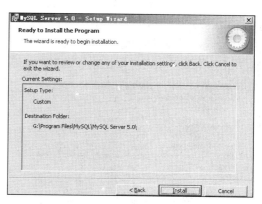

图 6-5　MySQL 安装设置确认

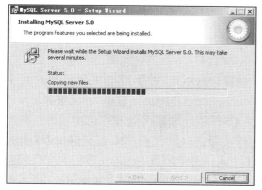

图 6-6　MySQL 安装进度

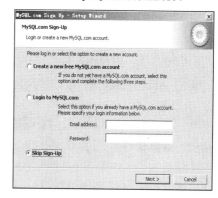

图 6-7　MySQL 联机注册对话框

（5）单击 Next 按钮，随后出现安装完毕界面，在此有一个英文提示的复选框，询问此刻是否进行 MySQL 服务器配置，如图 6-8 所示。建议选中此复选框，并单击 Finish 按钮以启动 MySQL 服务器配置向导。

图 6-8　MySQL 完成安装界面

（6）随后将出现配置 MySQL 服务器实例的欢迎界面，单击此界面中的 Next 按钮，出现选择服务器配置方式的窗口，在此选择 Detailed Configuration（手动精确配置）方式，如图 6-9 所示。单击该窗口中的 Next 按钮，这时出现要求用户选择服务器类型的界面，共有 3 种服务器类型：Developer Machine（开发测试类型，MySQL 占用很少资源）、Server

Machine（服务器类型，MySQL 占用较多资源）和 Dedicated MySQL Server Machine（专门的数据库服务器类型，MySQL 占用所有可用资源），读者可根据实际需要进行选择，在此，建议初学者选择 Server Machine 类型，如图 6-10 所示。

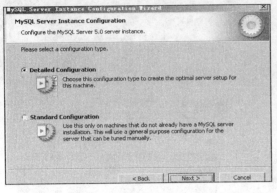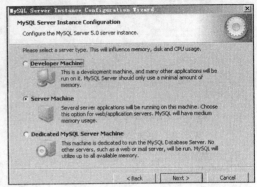

图 6-9　MySQL 服务器配置方式的选择　　　　图 6-10　选择配置 MySQL 服务器的类型

（7）单击 Next 按钮，接下来要求用户选择 MySQL 数据库的大致用途。其中，Multifunctional Database 表示多功能通用型；Transactional Database Only 表示服务器类型，主要用于事务处理；Non-Transactional Database Only 表示非事务处理型，主要做一些简单的监控和数据储存。读者可根据自己的需要进行选择，这里选择 Multifunctional Database（多功能通用型），如图 6-11 所示。单击 Next 按钮，出现配置 InnoDB 数据库文件的存放位置，建议不要修改，使用默认位置。单击 Next 按钮继续安装，出现如图 6-12 所示的数据库并发连接数选择界面，第一个选项 Decision Support（DSS）/OLAP 支持的最大连接数为 20；第二个选项 Online Transaction Processing（OLTP）支持的最大连接数为 500；第三个选项 Manual Setting 为手动设置，用户自己输一个连接数即可。在学习阶段，建议选择第一种，然后单击 Next 按钮继续安装。

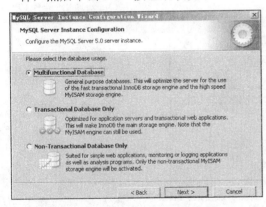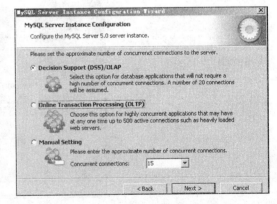

图 6-11　选择 MySQL 数据库的用途　　　　图 6-12　MySQL 数据库最大连接数的选择

（8）接下来进行数据库服务器的端口配置，如图 6-13 所示。该界面要求用户确认是否启用 TCP/IP 连接。如果启用，需要设定端口；如果不启用，则只能在自己的机器上访问 MySQL 数据库。为了学习方便，建议读者选择启用 TCP/IP 连接，端口号 Port Number 选择默认值 3306。单击 Next 按钮，进入数据库字符集设置界面，如图 6-14 所示。这一步的设置非常重要，其中，第一个是 MySQL 默认的数据库语言编码即西文编码，第二个是多字节的通用 utf8 编码，二者都不是中国境内用户的优先选择，因此推荐读者选择第 3 个即自定义字符集，然后在 Character Set 下拉列表框中选择或输入 "gb2312"。该字符集中基本上包括了所有常见的汉字，只有这样，MySQL 数据库才能正确存储和显示以汉字为主的数据信息。

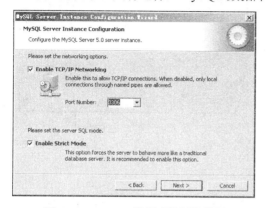

图 6-13　MySQL 数据库的网络设置　　　　　　　图 6-14　字符集设置

（9）单击 Next 按钮，接下来要确认是否将 MySQL 安装为 Windows 服务。如果安装为 Windows 服务，则在计算机启动后自动启动 MySQL 数据库。还可以指定服务标识名称 Service Name，以及是否将 MySQL 的 Bin 目录加入到 Windows 环境变量中。加入后，就可以直接使用 Bin 下的文件，而不用指出目录名，非常方便。在此，读者不妨将该窗口中的所有选项选中，Service Name 保持不变，如图 6-15 所示。单击 Next 按钮，继续进行安装。

（10）接下来设置数据库超级管理员的密码。MySQL 安装完成后会默认生成一个用户名为 root 的超级管理员用户，密码为空，如果要更改，就需要在图 6-16 中的 New root password 文本框中输入新密码，并在 Confirm 文本框中重复输入一遍，以确认密码，防止输错。由于 root 用户对数据库拥有完全的控制权，因此必须牢记该密码，若是忘记将很难找回。如图 6-16 中，Enable root access from remote machines 复选框表示是否允许 root 用户在其他的机器上登录，为了数据库安全起见，建议不要选择，如图 6-16，单击 Next 按钮，系统提示设置步骤完成，单击 Execute 按钮使设置生效，如图 6-17 所示，稍等片刻即可设置成功，弹出如图 6-18 所示的窗口，单击 Finish 按钮，结束数据库服务器的配置。

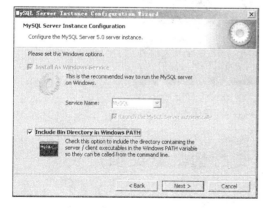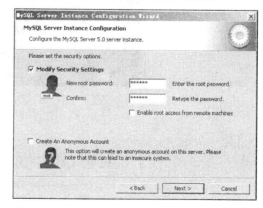

图 6-15　Windows 选项设置　　　　　　　图 6-16　超级管理员用户设置

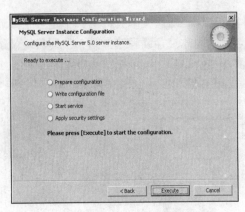
图 6-17 准备执行配置

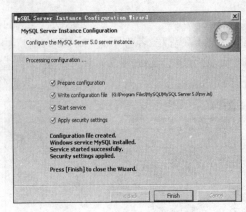
图 6-18 服务器配置完成

6.2.3 测试 MySQL

由于在安装 MySQL 过程中已经将其安装为 Windows 服务，因此，当 Windows 启动和停止时，MySQL 也会随之启动和停止。用户可以通过以下简单步骤来测试 MySQL 数据库是否已启动。

（1）选择"开始"菜单下的"运行"命令，输入"cmd"指令并按 Enter 键，即可打开命令提示符窗口。

（2）在命令提示符的光标闪烁处输入"mysql –u root -p"命令并按 Enter 键，会出现 Enter password 字样的提示信息，即要求输入数据库超级管理员的密码，正确输入密码后按 Enter 键。

（3）如果 MySQL 数据库安装成功并已启动，将出现如图 6-19 所示的登录成功的欢迎信息。

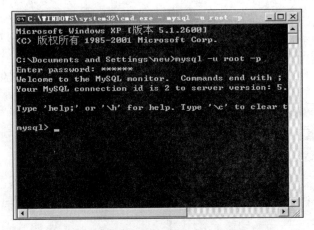
图 6-19 MySQL 数据库的登录

6.3 MySQL 数据库支持的数据类型

MySQL 数据库系统可存入多种类型的数据，数据库中的数据类型是针对字段来说的，也称为"列类型"或"字段类型"。一个字段一旦设置为某种类型，那么在这个字段中就只能存入该种类型的数据，其他类型的数据将视为非法数据。下面介绍 MySQL 数据库支持的数据类型。

6.3.1　数值类型

数值类型是常见的数据类型之一，如 87 或 103.4 这样的数据就称为数值型数据。MySQL 支持科学表示法，即可以用整数或浮点数后跟"e"或"E"、"+"或"-"及一个整数指数来表示一个数值。例如，1.24E+12 和 23.47e-1 都是合法的用科学表示法表示的数值，而 1.24E12 则是非法的（指数前未指定符号）。数值型的数据可大致分为整型和浮点型两大类。

1．整型数据类型

MySQL 有 5 种整型数据类型，即 tinyint、smallint、mediumint、int 和 bigint。这 5 种类型之间的区别是取值范围不同，存储空间也各不相同。整型又可分为有符号型和无符号型两种，如要定义无符号型整数，则应在整型数据列后加上 UNSIGNED 属性，此时该字段可以禁止输入负数。

声明整型字段时，程序员可以为它指定显示宽度，用 M（1～255）来表示。如 int(M)，当 M 为 5 时，说明指定显示宽度为 5 个字符。如果没有给它指定显示宽度，MySQL 会为它指定一个默认值。显示宽度定义的只是显示宽度，无法限制该整型数据的取值范围和占用的空间。例如，一个定义为 int(3) 的整型字段在浏览时显示 3 位数字，但仍然会占用系统为 int 型数据定义的 4 个字节的存储空间，最大值也不会是 999，而是 int 整型所允许的最大值。表 6-1 归纳了各种整型数据的使用方法。

表 6-1　MySQL 中的整型数据

类　　型	大　　小	表示范围（有符号）	表示范围（无符号）	描　　述
tinyint	1 字节	−128～127	0～255	小整数值
smallint	2 字节	−32768～32767	0～65535	大整数值
mediumint	3 字节	−8388608～8388607	0～16777215	大整数值
int	4 字节	−2147483648～2147483647	0～4294967295	大整数值
bigint	8 字节	−9223372036854775808～9223372036854775807	0～18446744073709551615	极大整数值

2．浮点数据类型

根据精度的不同，浮点数有 float 和 double 两种。它们的优势是可以表示精确度非常高的小数。float 可以表示绝对值非常小的数，如 1.17E-38，即 0.000…0117（小数点后面有 37 个零）。double 的精确度更高，可以表示绝对值小到约 2.22E-308 即 0.000…0222（小数点后面可以有 307 个零）的小数。float 类型和 double 类型占用的存储空间分别是 4 字节和 8 字节。表 6-2 归纳了各种浮点型数据的使用方法。

表 6-2　MySQL 中的浮点数

类　型	大　小	表示范围（有符号）	表示范围（无符号）
float（单精度浮点数）	4 字节	−3.402823466E+38～1.175 494351E-38、0 和 1.175494351E-38～3.402823466E+38	0、1.175494351E-38～3.402823466E+38
double（双精度浮点数）	8 字节	−1.7976931348623157E+308～2.2250738585072014E-308、0 和 2.2250738585072014E-308～1.7976931348623157E+308	0、2.2250738585072014E-308～1.7976931348623157E+308

注意：在 MySQL 中还可以定义定点数，格式为 Decimal(M，D)，其中 M 表示显示的最大位数，小数点和符号不包含在 M 中，如果 D 是 0，则意味着该数值没有小数或分数部分。

6.3.2　日期和时间类型

日期和时间类型包括 date、time、datetime、timestamp 和 year 等几种类型。每个时间类型有一个有效范围和一个"零"值，当在其中存入一个不合法的数据时，MySQL 将使用"零"值。表 6-3 归纳了各种日期和时间类型数据的使用方法。

表 6-3　MySQL 中的日期和时间

类　型	大小（字节）	表示范围	格　式	描　述
date	3 字节	1000-01-01～9999-12-31	YYYY-MM-DD	表示日期值
time	3 字节	−838:59:59～838:59:59	HH:MM:SS	表示时间值或持续时间
year	1 字节	1901～2155	YYYY	表示年份值
datetime	8 字节	1000-01-01 00:00:00～9999-12-31 23:59:59	YYYY-MM-DD HH:MM:SS	表示混合日期和时间值
timestamp	8 字节	1970-01-01 00:00:00～2037-12-31 23:59:59	YYYYMMDDHHMMSS	表示混合日期和时间值、时间戳

6.3.3　字符串类型

字符串可以用来表示任何一种值，所以它是最基本的类型之一。根据所存储的格式不同，可将其分为普通字符串类型、二进制字符串类型、TEXT 类型和 BLOG 类型。表 6-4 归纳了各种字符串类型数据的使用方法。

表 6-4　MySQL 中的字符串数据类型

类　型	大　小	描　述
char	255 字节	定长字符串
vachar	255 字节	变长字符串

类　　型	大　　小	描　　述
tinyblob	255 字节	不超过 255 个字符串的二进制字符串
tinytext	255 字节	短文本字符串
blob	65535 字节	二进制形式的长文本数据
text	65535 字节	长文本数据
mediumblob	16777215 字节	二进制形式的中等长度文本数据
mediumtext	16777215 字节	中等长度文本数据
longblob	429967295 字节	二进制形式的极大文本数据
longtext	4294967295 字节	极大文本数据

6.4　结构化查询语言简介

SQL 是 Structured Query Language 的缩写，即结构化查询语言。SQL 是专为数据库而建立的操作命令集，是一种功能齐全的数据库语言。SQL 语言结构类似于自然语言，功能强大，简单易学，使用方便，是数据库操作的基础，目前几乎所有的数据库均支持 SQL。

6.4.1　结构化查询语言简介

SQL 是结构化查询语言，它是使用关系模型的数据库应用语言。1982 年，ANSI（美国国家标准局）确认 SQL 为数据库系统的工业标准，并在 1986 年颁布了 SQL-86 标准。该标准的出台使 SQL 作为标准关系数据库语言的地位得到了加强。SQL 标准几经修改和完善，目前最新的 SQL 标准是 2003 年制定的 SQL-2003，它的全名是"International Standard ISO/IEC9075:2003，Database Language SQL"。

SQL 是一种介于关系代数与关系演算之间的结构化查询语言，是一种高度非过程性的关系数据库语言。它采用的是集合的操作方式，操作的对象和结果都是元组的集合，用户只需知道"做什么"，无须知道"怎么做"，因此 SQL 语言接近于自然语言，结构简洁，易学易用。同时，SQL 语言集数据查询、数据定义、数据操纵、数据控制为一体，功能强大，因此得到了越来越广泛的应用，几乎所有流行的关系数据库系统（如 SQL Server、DB2、Oracle、Access 等）都支持 SQL 语言。

6.4.2　常用的 SQL 语句用法

常用的 SQL 语句包含 4 个部分：数据查询语言（SELECT）、数据操纵语言（INSERT、UPDATE、DELETE）、数据定义语言（CREATE、ALTER、DROP）和数据控制语言（COMMIT WORK、ROLLBACK WORK）。在没有介绍可视化的 MySQL 数据库管理工具之前，用户只能先通过命令提示符界面登录 MySQL 控制台，进入如图 6-19 所示的界面，然后在"mysql>"字符后面的光标处输入 SQL 语句，最后按 Enter 键对数据库进行相应操作。下面介绍一些常用的 SQL 语句。

1．数据库的创建

使用 CREATE DATABASE 语句可新建一个数据库，其语法格式如下：

CREATE {DATABASE | SCHEMA} [IF NOT EXISTS] db_name [create_specification
[, create_ specification] ...] create_specification: [DEFAULT] CHARACTER SET charset_name
| [DEFAULT] COLLATE collation_name

其中，db_name 是数据库名称，如果已经有同名的数据库且没有指定 IF NOT EXISTS，则系统会返回错误信息；create_specification 选项用于指定数据库的特性；CHARACTER SET 子句用于指定默认的数据库字符集；COLLATE 子句用于指定默认的数据库整理次序。例如，有以下命令语句：

```
mysql> create DATABASE student;
```

该语句的功能是创建一个名为 student 的数据库。输入语句后按 Enter 键，将在屏幕上输出：

```
Query OK， 1 row affected(0.11 sec)
```

说明语句执行成功，一个名为 student 的数据库已成功创建。

📢 注意：语句后面的分号（;）一定不要掉了，它表示一个完整的命令语句的结束。

2．表的创建

使用 CREATE TABLE 语句可以在数据库中创建新表，其语法格式如下：

CREATE [TEMPORARY] TABLE [IF NOT EXISTS] tbl_name
(column_definition, ...)
[CHARACTER SET charset_name]
[COLLATE collation_name]
[COMMENT 'string']

CREATE TABLE 用于创建带有给定名称的表，由 tbl_name 指定新建表的名称。默认情况下，表被创建到当前的数据库中。如果没有当前数据库或者数据库不存在，则会出现错误。为避免不必要的麻烦，可用类似于 db_name.tbl_name 的命名形式来定义表的名称，表示在特定的数据库中创建表，这样就可以不考虑当前数据库是哪一个数据库了。创建表格时，用户可以使用 TEMPORARY 关键词来创建临时表。如果表已存在，则使用关键词 IF NOT EXISTS 以防止发生错误。COMMENT 子句给出列或表的注释，CHARACTER SET 子句用于指定默认的数据库字符集。例如：

```
mysql> use student;
mysql> create table stu_person(name char(10),sex    char(2),age tinyint(2));
```

第 1 行语句的作用是选择当前数据库，即选择将新建的表存放到哪个数据库中；第 2 行语句的功能是新建一个名为 stu_person 的数据表，共有 3 个字段，分别是 name、sex 和 age 字段。

3．SHOW 查看信息语句

SHOW 有多种形式，可以查看数据库、表、列或服务器状态的信息。常用的有以下形式：

SHOW [FULL] COLUMNS FROM tbl_name [FROM db_name] [LIKE 'pattern']

SHOW DATABASES [LIKE 'pattern']

SHOW [FULL] TABLES [FROM db_name] [LIKE 'pattern']

SHOW TRIGGERS

其中，第一条语句的功能是显示一个给定表中各列的详细信息；第二条语句的功能是在 MySQL 服务器主机上列出所有数据库名称及相关信息；第 3 条语句的功能是查看用户指定数据库中的非 TEMPORARY 表；第 4 条语句的功能是显示目前在 MySQL 服务器已定义了的触发器程序。

4．表的修改

使用 ALTER TABLE 语句可以对数据库中现有的表进行修改，语法格式如下：

ALTER [IGNORE] TABLE tbl_name

alter_specification [, alter_specification] ...

alter_specification：

ADD [COLUMN] column_definition [FIRST | AFTER col_name]

| ADD [COLUMN] (column_definition , ...)

| ALTER [COLUMN] col_name {SET DEFAULT literal | DROP DEFAULT}

| CHANGE [COLUMN] old_col_name column_definition [FIRST|AFTER col_name]

| MODIFY [COLUMN] column_definition [FIRST | AFTER col_name]

| DROP [COLUMN] col_name

| DROP PRIMARY KEY | RENAME [TO] new_tbl_name

ALTER TABLE 命令可以修改表中列的属性、表的名称，还可以增加或删除列，创建或取消索引等。其中，tbl_name 是被修改表的名称；IGNORE 关键字是 MySQL 在标准 SQL 基础上做的功能扩展，如果指定了 IGNORE 关键字，则对于有重复关键字的行，只使用第一行，其他行将被屏蔽。alter_specification 子句用来指定如何对数据字段进行修改，内容非常丰富。如果在修改的过程中出现了错误值，系统会进行修正以尽量接近正确的值。在该子句下面包含了多行代码，读者可查看相关参考书或上网对其中各选项的内容进行详细了解。例如：

```
mysql> ALTER TABLE t2 DROP COLUMN c, DROP COLUMN d;
```

以上语句的功能是修改表 t2 的表结构，将字段 c 和 d 删除。

5．表的删除

使用 DROP TABLE 语句可以删除当前数据库中的某个表，语法格式如下：

DROP [TEMPORARY] TABLE [IF EXISTS] tbl_name [, tbl_name] ...

该语句将删除一个或多个表，执行完毕后，所有的表数据和表定义都将被删除，所以要慎用本语句。为避免用户错误地去删除根本不存在的表，可以用 IF EXISTS 语句来排除这种意外，另外，还可用 TEMPORARY 关键字来指定系统执行 DROP TABLE 语句时只能删除临时表。

6. SELCET 查询语句

SELCET 查询语句的语法格式如下：

SELECT select_expr, ...

[INTO OUTFILE 'file_name' export_options | INTO DUMPFILE 'file_name']

[FROM table_references]

[WHERE where_definition]

[GROUP BY {col_name | expr | position} [ASC | DESC] , ...]

[HAVING where_definition]

[ORDER BY {col_name | expr | position} [ASC | DESC] , ...]

[LIMIT {[offset ,] row_count | row_count OFFSET offset}]

上面整个 SELECT 语句的含义是：根据 WHERE 子句的条件表达式，从 FROM 子句指定的基本表中找出满足条件的数据记录，再按 SELECT 子句中的目标列表达式，选出数据记录中的属性值形成结果表。如果有 GROUP BY 子句，则将结果按 GROUP BY 子句提供的条件进行分组。如果 GROUP BY 子句带有 HAVING 短语，则只有满足指定条件的组才被输出。如果有 ORDER 子句，则结果表还要按 col_name 列的值进行升序（ASC）或降序（DESC）排序。LIMIT 子句用于给定一个限值，限制可被查询到的记录数目。如果要检索所有行和列，在 SELECT 子句中使用星号（*）来表示所有列即可，并通过 FROM 子句指定要检索的表。如有以下语句：

```
SELECT * FROM student ORDER BY ST_ID DESC
```

以上语句的功能是在 student 表中查找所有记录，并且将查询结果按 ST_ID 降序排列显示。

7. 删除记录

删除数据表中的记录应使用 DELETE 语句，该语句有两种语法格式，分别介绍如下。

❑ 单表语法

DELETE [LOW_PRIORITY] [QUICK] [IGNORE] FROM tbl_name [WHERE where_definition] [ORDER BY ...] [LIMIT row_count]

❑ 多表语法

DELETE [LOW_PRIORITY] [QUICK] [IGNORE] tbl_name[.*] [, tbl_name[.*] ...] FROM table_references [WHERE where_definition]

或

DELETE [LOW_PRIORITY] [QUICK] [IGNORE]   FROM tbl_name[.*] [, tbl_name[.*] ...] USING table_references [WHERE where_definition]

该语句将从表 tbl_name 中删除那些满足 where_definition 所定义条件的所有记录，并返回被删除记录的数目。

8. 修改记录

修改数据表中的记录应使用 UPDATE 语句，该语句有两种语法格式，分别介绍如下。

❑　单表语法

UPDATE [LOW_PRIORITY] [IGNORE] tbl_name SET col_name1=expr1 [, col_name2=expr2 ...] [WHERE where_definition] [ORDER BY ...] [LIMIT row_count]

❑　多表语法

UPDATE [LOW_PRIORITY] [IGNORE] table_references SET col_name1=expr1 [, col_name2=expr2 ...] [WHERE where_definition]

其功能是修改指定表中满足 WHERE 子句条件的元组。其中，SET 子句给出 expr1、expr2、 expr3 等值用于取代相应的属性列值。如果省略 WHERE 子句，则表示要修改表中的所有元组。如果给出了 ORDER BY 子句，则在更新记录时要按照被指定的顺序进行更新。LIMIT 子句用于指定一个整数，该整数表示要更新行的数目。如果用户使用 LOW_PRIORITY 关键词，则表示 MySQL 服务器将优先处理其他客户端读取本数据表的操作，待其他用户读取完后再继续执行 UPDATE 操作。如果用户使用了 IGNORE 关键词，则在执行更新过程中将忽略所有错误消息。例如：

```
mysql> UPDATE persondata SET age=age+1;
mysql> UPDATE persondata SET age=age*2, age=age+1;
```

其中第一句的功能是把所有记录的 age（年龄）列的值加 1，第二句的功能是对 age（年龄）列加倍，然后再增加 1。

9. INSERT 插入语句

INSERT 用于向一个数据表中插入一行新的数据，它有两种语法格式，分别介绍如下。

INSERT [LOW_PRIORITY | DELAYED | HIGH_PRIORITY] [IGNORE] [INTO] tbl_name [(col_name,...)] VALUES ({expr | DEFAULT},...),(...),... [ON DUPLICATE KEY UPDATE col_name=expr, ...]

或

INSERT [LOW_PRIORITY | DELAYED | HIGH_PRIORITY] [IGNORE] [INTO] tbl_name 　　SET col_name={expr | DEFAULT}, ... [ON DUPLICATE KEY UPDATE col_name=expr, ...]

INSERT…VALUES 和 INSERT…SET 两种形式的语句都表示将明确指定的值插入到数据表新行的相应字段位置上。例如，有以下语句：

```
INSERT INTO STUDENT(NAME,ID) VALUES（'李四', 12）
```

该语句的执行结果是将 ID 号为 12、名字为李四的学生记录插入到 STUDENT 表中。

6.5　常用的可视化 MySQL 数据库管理工具

如前所述，虽然 MySQL 相对其他数据库管理系统来说具有很多优点，但由于对数据库的各种操作必须在命令提示符下进行编写和执行，具有难度高、效率较低、容易出错等弊端，因此，很多用户感觉 MySQL 不好管理。而 phpMyadmin 和 Navicat MySQL 的出现，有效地缓解了这一矛盾。

6.5.1 phpMyAdmin 的安装与使用

phpMyadmin 是用 PHP 开发的一套程序，通过浏览器来管理 MySQL 数据库。在 phpMyadmin 中运行程序时需要 PHP 解析器的支持，所以必须在其宿主机上事先安装好 PHP 程序。phpMyadmin 功能强大，界面较为友好，其压缩包可以从互联网上下载。下面以从其官方网站 http://www.phpMyadmin.net 上下载并安装 2.8.0 版的 phpMyadmin 程序为例来介绍其安装过程。

（1）将 phpMyAdmin 压缩包解压，得到一个类似于 phpMyAdmin-xx-xx-xx 的文件夹，为了使用方便，建议将其重命名为 phpMyAdmin。

（2）将 phpMyAdmin 文件夹复制到 APACHE 主目录下，以方便直接在浏览器中输入 http://localhost/phpMyAdmin/index.php，按 Enter 键即可运行此程序。

（3）打开 phpMyAdmin/scripts 文件夹，在其中找到文件 config.default.php，将其重命名为 config.inc.php，并将其复制到 phpMyAdmin 根目录下，然后打开此文件找到 "$cfg ['Servers'][$i]['password']=" 选项，将其值设为 MySQL 的超级管理员密码，如图 6-20 所示。

图 6-20　修改 phpMyAdmin 的配置文件

注意：如果超级管理员的用户名不是 root，则还需将$cfg['Servers'][$i]['user']一项设置为实际的超级管理员对应的用户名。

（4）修改完之后，重新保存该文件，然后在浏览器中输入 "http://localhost/phpMyAdmin/index.php"，并按 Enter 键，将在浏览器窗口中弹出如图 6-21 所示的 phpMyAdmin 的 MySQL 数据库管理页面。

在 phpMyAdmin 页面中，用户可以创建数据库、选择数据库、查看表信息和编辑数据，下面介绍具体的操作过程。

（1）创建数据库

在如图 6-21 所示的页面中，在 "创建一个新的数据库" 文本框中输入数据库名称，单击 "创建" 按钮即可新建一个数据库。

（2）选择数据库

在如图 6-21 所示的页面中，单击其左侧的 "数据库" 下拉菜单，即可从弹出的菜单选项中选择数据库，在其右侧将列出所选中的数据库中表的信息，如图 6-22 所示。

图 6-21　phpMyAdmin 的运行界面

图 6-22　数据库的选择

（3）选择并浏览表信息

单击左侧的表名，右侧将显示此表的详细字段信息，如图 6-23 所示。

图 6-23　在 phpMyAdmin 页面中浏览数据表信息

（4）浏览及编辑数据

在页面上方的菜单栏中单击![浏览]按钮，可打开该表的记录进行浏览。在此视图中可以对各条记录进行各种编辑操作，如图 6-24 所示。

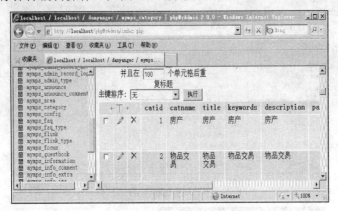

图 6-24　在 phpMyAdmin 页面中浏览和编辑表记录

虽然 phpMyAdmin 比单纯地依靠命令提示符操作数据库要方便得多，但对于习惯用 Microsoft SQL Server 企业管理器的用户来说，总感觉还是不够简单易用。下面就介绍一种类似于 Microsoft SQL Server 的企业管理器的 Navicat MySQL 桌面软件。

6.5.2　Navicat MySQL 的安装与使用

Navicat MySQL 是一套强大的 MySQL 数据库服务器管理及开发工具。它支持 3.21 以上版本的 MySQL，并支持最新版 MySQL 的大部分功能，包括触发器、存储过程、函数、事件、视图、导入数据、导出数据、报表、数据备份与恢复以及用户权限管理等。它不仅适合熟练的专业开发人员使用，新手也很容易上手。通过图形用户接口（GUI）界面，用户可以像使用 Microsoft SQL Server 企业管理器那样直观、便捷地管理 MySQL 数据库。用户可通过互联网搜索下载 Navicat MySQL 软件（有的需要付费，有的是免费的，读者要注意选择），也可以从其官方网站 http://www.navicat.com 中下载。

Navicat MySQL 软件安装成功后，启动该软件，首先要做的是新建一个"连接"以连接到目标服务器上。选择"文件"菜单下的"创建连接"命令，弹出如图 6-25 所示的对话框，要求用户定义连接名，并填写 MySQL 服务器的主机名或 IP 地址、端口号（MySQL 默认服务端口号是 3306）、用户名和密码。全部填写完毕后，单击"连接测试"按钮进行测试，测试成功后再单击"确定"按钮，此时就新建了一个连接。

新建连接成功后，单击该软件主窗口左侧的连接名称图标，将展开如图 6-26 所示的树形目录，该目录显示了所连接服务器上所有的数据库以及数据库中所包含的全部数据表。

通过 Navicat MySQL 软件，同样可以对数据库进行各种操作，包括新建数据库、新建表、修改表、建立视图和新建存储过程等，其操作过程都是可视化的，与 Microsoft SQL Server 企业管理器的使用方法非常类似。由于篇幅有限，这里不再详述。

图 6-25　在 Navicat MySQL 中新建连接

图 6-26　Navicat MySQL 的管理界面

6.6　案例剖析：学生成绩数据库规划与实现

信息流用来描述现实世界中一些事物某些方面的特征及事物间的相互联系。数据库是模拟现实世界中信息流的集合，数据库中所存储的数据是对现实世界中信息流的数据化。下面以创建一个学生成绩数据库为例简单介绍在 MySQL 中实现数据库项目的过程。

6.6.1　程序功能介绍

学生成绩数据库（cjdatabase）主要用于存储每个学生每门课程的考试成绩。在设计该数据库时，要考虑到在储存成绩数据过程中数据的完整性和一致性等数据库规范问题。下面简单介绍一下具体的实施方案。

简单地说，为实现该数据库功能，可在学生成绩数据库中设计 3 个数据库表：存储学生记录的 student 表、存储课程数据的 coursetb 表和存储成绩的 scores 表，其结构如表 6-5～表 6-7 所示。

表 6-5　student 表的结构

字　段　名	数　据　类　型	长　　度	允许为空值（NULL）
学号（主键）	char	12	否
姓名	char	10	否
班级编号	char	10	是
性别	char	2	否
出生年月	date	8	否

表 6-6　coursetb 表的结构

字　段　名	数　据　类　型	长　　度	允许为空值（NULL）
课程号（主键）	char	8	否
课程名称	varchar	30	否

续表

字　段　名	数　据　类　型	长　　度	允许为空值（NULL）
学分	tinyint	4	否
课时数	tinyint	4	否

表 6-7　scores 表的结构

字　段　名	数　据　类　型	长　　度	允许为空值（NULL）
学号	char	12	否
课程号	char	8	否
成绩	tinyint	4	是
流水号（主键）	bigint	10	否
备注	varchar	50	是

6.6.2　程序代码分析

基于前面对数据库功能的分析和描述，编写如下 SQL 程序代码。

❑　新建数据库 cjdatabase 代码

```
CREATE DATABASE   cjdatabase DEFAULT CHARSET=gb2312;
```

❑　新建表 student 的代码

```
CREATE TABLE student (
学号  char(2)NOT NULL default '',
姓名  char(10)default NULL,
班级编号  char(10)default NULL,
性别  char(2)default NULL,
出生年月  date default NULL,
PRIMARY KEY(学号)
) ENGINE=InnoDB DEFAULT CHARSET=gb2312;
```

❑　新建表 coursetb 的代码

```
CREATE TABLE coursetb (
课程号  char(8)NOT NULL default '',
课程名称  varchar(30)default NULL,
学分  tinyint(4)default NULL,
课时数  tinyint(4)default NULL,
PRIMARY KEY(课程号)
) ENGINE=InnoDB DEFAULT CHARSET=gb2312;
```

❑　新建表 scores 的代码

```
CREATE TABLE scores (
课程号  char(255)NOT NULL,
```

```
学号  char(255)NOT NULL,
成绩  int(11)default NULL,
流水号  bigint(10)NOT NULL auto_increment,
备注  varchar(50)default NULL,
PRIMARY KEY(流水号)
) ENGINE=InnoDB DEFAULT CHARSET=gb2312;
```

6.7　本章小结

本章着重介绍了 MySQL 数据库的安装与配置，同时在讲解如何操作 MySQL 的过程中，详细讲述了 SQL 语句在 MySQL 中的具体用法，最后介绍了两种目前比较流行的 MySQL 数据库管理工具：phpMyAdmin 和 Navicat MySQL。

6.8　练　习　题

1．简述 MySQL 支持的数据类型。

2．MySQL 有哪些特点与优点？

3．如何列出当前 MySQL 服务器中的所有数据库？如何删除一个数据库？

4．使用 SELECT 查询语句查询数据记录时，如何设置要返回的记录数？

6.9　上　机　实　战

在 MySQL 中创建一个学生选课数据库（SeleCourseDB），其中包含 5 个表：教师表 Teacher、学生表 Student、课程表 Course、选课表 SeleCourse 和授课表 TeachCourse，各表的结构如表 6-8～表 6-12 所示。

表 6-8　教师表 Teacher

字　段　名	数　据　类　型	长　　度	允许为空值（NULL）
教师号（主键）	char	10	否
教师姓名	char	8	否
性别	char	2	否
年龄	tinyint	3	否
职称	char	10	否
工资	tinyint	5	是
岗位津贴	tinyint	5	是
系名	char	10	否

表 6-9 学生表 Student

字　段　名	数　据　类　型	长　　度	允许为空值（NULL）
学号（主键）	char	10	否
学生姓名	char	8	否
性别	char	2	否
年龄	tinyint	2	否
系名	char	10	是

表 6-10 课程表 Course

字　段　名	数　据　类　型	长　　度	允许为空值（NULL）
课程号（主键）	char	8	否
课程名	char	8	否
课时数	tinyint	2	是

表 6-11 选课表 SeleCourse

字　段　名	数　据　类　型	长　　度	允许为空值（NULL）
学号	char	10	否
课程号	char	8	否
成绩	tinyint	2	是

表 6-12 授课表 TeachCourse

字　段　名	数　据　类　型	长　　度	允许为空值（NULL）
教师号（主键）	char	10	否
课程号	char	8	否

第 7 章　PHP 与 MySQL 的珠联璧合

知识点：

- ☑ 修改 PHP 配置文件以开启与 MySQL 相关的函数库
- ☑ 连接 MySQL 数据库
- ☑ 选择与操作 MySQL 中的数据库
- ☑ 如何获取 MySQL 中的数据集
- ☑ 常用的 MySQL 函数的使用方法

本章导读：

　　PHP 是一种 Web 编程语言，MySQL 是一款网络数据库，从 PHP 诞生起，就一直将 MySQL 数据库作为其默认支持的数据库管理系统，目前这二者已成为业界公认的开发 Web 项目的黄金组合。为了让用户能方便地在 PHP 程序中使用 MySQL 数据库，PHP 提供了一组 MySQL 库函数，用于实现对 MySQL 数据库的访问，本章以如何在 PHP 程序中操作 MySQL 数据库为例进行详细讲解。

7.1　运用 PHP 和 MySQL 联合开发 Web 的优势

　　与其他开发 Web 应用程序的组合相比，PHP 与 MySQL 的组合更加安全，运行速度更快。MySQL 数据库是一个快速、健壮、多用户的 SQL 数据库服务器，它支持多线程、关键任务以及重负载生产系统的使用，可以将它嵌入到一个大型的软件中去。除此之外，二者都为免费资源，且都简单易用，安全效率比 ASP+MSSQL 等开发组合要好很多。

　　和 PHP 一样，MySQL 的入门门槛也较低，绝大多数学了标准 SQL 语句的程序员都很容易转型为 MySQL 程序员。基于以上得天独厚的特点，使用以 PHP 为核心的 PHP+MySQL+Apache 经典组合来开发 Web 应用，将大大提高程序员的工作效率，且花费也较少。

7.2　连接 MySQL 数据库的前期准备工作

　　要使 PHP 程序能方便地管理 MySQL 数据库，必须保证在 PHP 程序中正确连接上了 MySQL 数据库，在此前提下才能对其中的数据库进行各种操作。PHP 对 MySQL 数据库的操作大部分是通过 MySQL 函数来进行的，所以首先要开启 MySQL 函数库。

　　用记事本打开 php.ini 文件，找到";extension=php_mysql.dll"，将此行前面的分号去掉，如图 7-1 所示，然后保存此文件并重新启动 Apache，为验证 MySQL 函数是否已被载入，可通过在 PHP 程序中调用 phpinfo()函数来查看，运行 PHP 程序后，如果在返回的页面中有 MySQL 的项目，这说明已经正确载入了 MySQL 数据库，如图 7-2 所示。

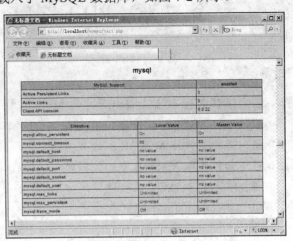

图 7-1   修改 PHP 配置文件   图 7-2   查看是否开启 MySQL 数据库

7.3   PHP 操作 MySQL 数据库常用方法

PHP 提供了一组 MySQL 库函数，用于实现对 MySQL 数据库的访问，具体过程是：PHP 程序连通 MySQL 数据库后，通过在前台 PHP 页面中嵌入要执行的 SQL 语句，然后将 SQL 语句发送给 MySQL 数据库服务器，由 MySQL 数据库服务器执行这些指令，然后将结果返回到 PHP 程序中并转换为 HTML 形式传回给客户端用户。

7.3.1   连接数据库

连接数据库是操作 MySQL 数据库的第一步，也就是建立一条 PHP 程序到 MySQL 数据库之间的通道，PHP 向 MySQL 数据库服务器发送的各种 SQL 指令都是基于这条连接的通道。在 PHP 中，MySql_connect()函数就是用来建立和 MySQL 数据库的连接，其语法格式如下：

resource MySql_connect([string server [, string username [, string password [, bool new_link [, int client_flags]]]]])

MySql_connect()函数的功能是建立一个到 MySQL 服务器的连接，如果成功则返回一个 MySQL 连接标识，失败则返回 FALSE。其中 server 参数用于指定要连接的 MySQL 服务器，可以包括端口号，如'localhost:3306'；参数 username 和 password 分别用于指定用户账号和密码；new_link 指定是否要建立新的连接，如果不指定该参数，则用同样的参数第二次调用 MySql_connect()函数时将不会建立新的连接，而是返回已经打开的第一次建立连接的连接标识。

MySql_connect()函数共有 5 个参数，但通常情况下只需前 3 个参数即可，例如：

152

```php
<?php
$link = MySql_connect("localhost", "user_name", "user_password")
    or die("连接数据库失败 " . MySql_error());
echo "<p>数据库连接成功！</p>\n";
?>
```

在实际应用中如果没有提供可选参数，则系统采用默认值即 server = 'localhost:3306'，username = 服务器进程所有者的用户名，password = 空密码。

7.3.2　选择数据库

通过 MySql_connect()函数连接到 MySQL 服务器后，可以使用 MySql_select_db()函数从 MySQL 中选择所要操作的数据库，其语法格式如下：

bool MySql_select_db(string database_name, int [link_identifier]);

其中，参数 database_name 指定数据库名称；link_identifier 指定由 MySql_connect()函数返回的连接标识，如果没有指定该参数，则表示使用上一个打开的连接，如果找不到上一个打开的连接，则无参数调用 MySql_connect()函数，以尝试打开一个连接，连接成功就直接使用该连接。MySql_select_db()函数返回一个布尔型的值，如果执行成功返回 TRUE，否则返回 FALSE。例如：

```php
<?php
$id = MySql_connect("localhost", "MySql_user", "MySql_password");
$ok=MySql_select_db("cjdatabase", $id);
If($ok)
{
    echo "<p>数据库选择成功！</p>\n";
}
else
{
    echo "<p>选择数据库失败！请确定数据库是否存在。</p>\n";
}
?>
```

7.3.3　对数据库进行操作

连接到数据库服务器，并选择了要操作的数据库后，下一步就是向服务器发送操作指令，也就是第 6 章中讲到的各种 SQL 语句。要使 SQL 指令能传送到 MySQL 服务器中，需使用 MySql_query()函数，其语法格式如下：

resource MySql_query(string $query [, resource $link_identifier])

MySql_query()向与指定的连接标识符 link_identifier 所关联服务器中的当前活动数据库发送一条内容为 query 的查询。如果没有指定 link_identifier 连接标识，则使用上一个打开的连接；如果没有可使用的连接，则无参数调用 MySql_connect()函数以尝试建立一个连接，然后使用该连接。该函数的使用十分简单，只需将一条 SQL 语句作为参数传递给服务器即可，然后由服务器执行该 SQL 语句，其查询结果将会被缓存。例如：

```php
<?php
$id = MySql_connect("localhost", "MySql_user", "MySql_password");
$ok=MySql_select_db("cjdatabase", $id);
If($ok)
{
    $result = MySql_query('SELECT *    from student');
    if (!$result)
    {
        Die('无效查询' . MySql_error());
    }
    else
        echo "成功执行 SQL 语句";
}
?>
```

正如前述，MySql_query()函数可以向服务器发送任何合法的 SQL 指令，例如：

```php
<?php
$id=MySql_connect("localhost","root","ld1224");
MySql_select_db("bbs_data",$id);
MySql_query("SET CHARACTER SET gb2312");
for($i=1;$i<6;$i++){
    $pw="pw".$i;
    $xm="name".$i;
    $sql="INSERT INTO users(user_name,user_pw) VALUES('".$xm."','".$pw."')";
    $excu=MySql_query($sql,$id);
    If($excu){
        echo $sql;
        echo "第".$i."条数据插入成功！<br>";
    }else{
        echo "数据插入失败，错误信息：<br>";
        echo MySql_error();
    }
}
MySql_close($id);
?>
```

上述程序是利用一个 for 循环向服务器发送了多条 insert 指令，向 bbs_data 数据库中的 users 表插入了多条记录，可以使用第 6 章讲到的可视化管理工具 Navicat MySQL 来查看刚刚插入的记录，如图 7-3 所示。也可以在命令提示符中登录数据库，登录成功后，先用 use 指令将 users 表所在的数据库打开，然后用"select * from users"命令来浏览表中的所有数据，如图 7-4 所示，最后在程序结束前用 MySql_close()函数来关闭数据库连接。

图 7-3　在 Navicat MySQL 中查看 users 记录

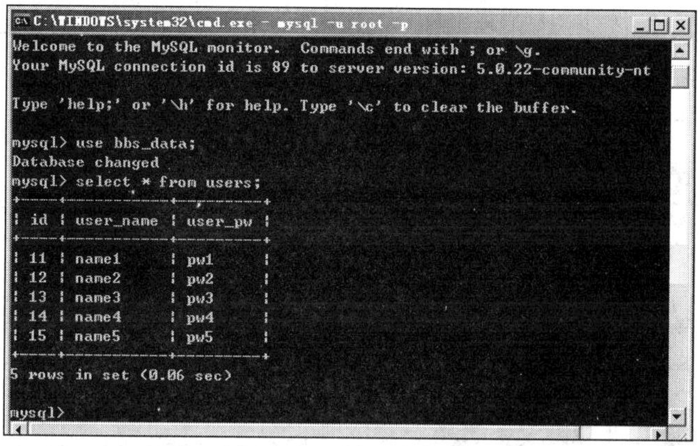

图 7-4　通过命令提示符查看表记录

7.3.4　其他常用的 MySQL 函数

前面介绍了操作数据库时常用到的几个基础函数，除此之外，PHP 还提供了大量的 MySQL 函数。只有了解了这些函数，明确了基本的操作步骤，程序员才能够熟练运用 PHP+MySQL 组合开发出功能强大的 Web 应用程序。

PHP 中用来操作 MySQL 数据库的函数如表 7-1 所示。

表 7-1　PHP 中的 MySQL 函数

函 数 名	功 能 描 述
MySql_affected_rows()	取得上一次 MySQL 操作所影响的记录行数
MySql_change_user()	改变活动连接中登录的用户
MySql_client_encoding()	返回当前连接的字符集的名称
MySql_close()	关闭非持久的 MySQL 连接
MySql_connect()	打开非持久的 MySQL 连接
MySql_create_db()	新建 MySQL 数据库，其功能可使用 MySql_query()替代
MySql_data_seek()	移动记录指针
MySql_db_name()	从对 MySql_list_dbs()的调用返回数据库名称
MySql_db_query()	发送一条 MySQL 查询，其功能可使用 MySql_select_db()和 MySql_query()代替

续表

函　数　名	功　能　描　述
MySql_drop_db()	丢弃（删除）一个 MySQL 数据库
MySql_errno()	返回上一个 MySQL 操作中的错误信息的数字编码
MySql_error()	返回上一个 MySQL 操作产生的文本错误信息
MySql_escape_string()	转义一个字符串用于 MySql_query
MySql_fetch_array()	从结果集中取得一行作为关联数组，或数字数组，或二者兼有
MySql_fetch_assoc()	从结果集中取得一行作为关联数组
MySql_fetch_field()	从结果集中取得列信息并作为对象返回
MySql_fetch_lengths()	取得结果集中每个字段内容的长度
MySql_fetch_object()	从结果集中取得一行作为对象
MySql_fetch_row()	从结果集中取得一行作为数字数组
MySql_field_flags()	从结果中取得和指定字段关联的标志
MySql_field_len()	返回指定字段的长度
MySql_field_name()	取得结果中指定字段的字段名
MySql_field_seek()	将结果集中的指针设定为指定的字段偏移量
MySql_field_table()	取得指定字段所在的表名
MySql_field_type()	取得结果集中指定字段的类型
MySql_free_result()	释放结果内存
MySql_get_client_info()	取得 MySQL 客户端信息
MySql_get_host_info()	取得 MySQL 主机信息
MySql_get_proto_info()	取得 MySQL 协议信息
MySql_get_server_info()	取得 MySQL 服务器信息
MySql_info()	取得最近一条查询的信息
MySql_insert_id()	取得上一步 INSERT 操作产生的 ID
MySql_list_dbs()	列出 MySQL 服务器中所有的数据库
MySql_list_fields()	列出 MySQL 结果中的字段
MySql_list_processes()	列出 MySQL 进程
MySql_list_tables()	列出 MySQL 数据库中的表
MySql_num_fields()	取得结果集中字段的数目
MySql_num_rows()	取得结果集中行的数目
MySql_pconnect()	打开一个到 MySQL 服务器的持久连接
MySql_ping()	Ping 一个服务器连接，如果没有连接则重新连接
MySql_query()	发送一条 MySQL 查询
MySql_real_escape_string()	转义 SQL 语句中使用的字符串中的特殊字符
MySql_result()	取得结果数据
MySql_select_db()	选择 MySQL 数据库
MySql_stat()	取得当前系统状态信息
MySql_tablename()	取得表名，在后期版本中已被 MySql_query()代替
MySql_thread_id()	返回当前线程的 ID
MySql_unbuffered_query()	向 MySQL 发送一条 SQL 查询（不获取和缓存结果）

表 7-1 列出的函数中，最常用的有 MySql_connect()、MySql_select_db()、MySql_query()、MySql_fetch_array()、MySql_num_rows()和 MySql_close()等。前 3 个函数前面已做了介绍，下面通过一个例子来讲述其他几个函数的用法。

```php
<?php
$constr=MySql_connect("localhost","root","ld1224");
MySql_select_db("yggl",$constr);
MySql_query("SET CHARACTER SET gb2312");
$query="SELECT * FROM employees";
$result=MySql_query($query,$constr);
echo "<table border=1 width=200 align=center><tr><td>姓名</td><td>文化程度</td></tr>";
$datanum=MySql_num_rows($result);
echo "表 employees 中共有".$datanum."条数据<br>";
for($i=1;$i<=$datanum;$i++){
    $info=MySql_fetch_array($result,MYSQL_ASSOC);
    echo "<tr><td>".$info['Name']."</td>";
    echo "<td>".$info['Education']."</td></tr>";
}
echo "</table>";
MySql_close($constr);
?>
```

将该程序保存到网站目录后，运行程序得到如图 7-5 所示的结果。

图 7-5　从表中读取数据

在上例中，用 MySql_query()函数发送了一条 SQL 指令，服务器返回了所有满足条件的记录，其返回类型是一个资源类型，其中包含了若干条记录的记录集，但不能直接输出，其结果暂存于$result 中。接着用 MySql_num_rows()函数来统计记录集中记录的条数，并将统计结果存放到变量$datanum 中。最后用 MySql_fetch_array()函数将记录集中的内容输出到<table></table>标记对中。MySql_fetch_array()函数比较常用，下面将着重介绍。

MySql_fetch_array()函数的语法格式如下：

array MySql_fetch_array(resource result [,int result_type])

该函数的作用是：读取记录集中的当前记录，将记录的各个字段值存入到一个数组中，并返回这个数组，然后将记录集指针移动到下一条记录。如果记录集指针已经处于末尾，则返回 FALSE。其中，参数 result_type 为可选项，用来指定返回的数组采用什么形式的下标，通常有如下 3 种选择。

- ❑ MySql_ASSOC：返回的数组以该记录的字段名称作为下标。如在本例中要输出文化程度一栏的信息，则用$info['Education']来获取。

- ❑ MySql_NUM：返回的数组以从 0 开始的数字为下标。在本例中，由于返回的每条记录只有两个字段，则可用$info[0]、$info[1]来分别表示两个不同的字段。

- ❑ MySql_BOTH：返回的数组既可用字段名作为下标，也可用数字作为下标。

下面再介绍一个例子，该例子将根据 MySql_num_rows()函数返回的记录个数自动地分页输出数据集中的所有记录。本程序数据源采用的是在第 6 章案例剖析中搭建的学生成绩数据库中的学生表 student，程序代码如下：

```
<html>
<head>
<meta http-equiv="Content-Type" content="text/html; charset=gb2312" />
<title>无标题文档</title>
</head>
<body>
<?php
$id=MySql_connect("localhost","root","ld1224");
MySql_select_db("pxscj",$id);
MySql_query("SET CHARACTER SET gb2312");
$query="SELECT 学号,姓名  FROM student";
$result=MySql_query($query,$id);
$totalnum=MySql_num_rows($result);
$pagesize=15;
$page=$_GET["page"];
If($page==""){
     $page=1;
}
$begin=($page-1) * $pagesize;
$totalpage=ceil($totalnum/$pagesize);
echo "<table border=1 width=50% align=center><tr><td>姓名</td><td>学号</td></tr>";
$datanum=MySql_num_rows($result);
echo "表中共有".$totalnum."条数据。";
echo "每页显示".$pagesize."条, 共".$totalpage."页<br>";
for($j=1;$j<=$totalpage;$j++){
     echo "<a href=untitled.php?page=".$j.">[".$j."] </a>";
}
$query="select 学号,姓名  from student limit $begin,$pagesize";
$result=MySql_query($query,$id);
$datanum=MySql_num_rows($result);
for($i=1;$i<=$datanum;$i++){
     $stuinfo=MySql_fetch_array($result,MYSQL_ASSOC);
     echo "<tr><td>".$stuinfo['姓名']."</td>";
     echo "<td>".$stuinfo['学号']."</td></tr>";
```

```
}
echo "</table>";
MySql_close($id);
?>
</body>
</html>
```

在上述程序中，先利用 ceil() 函数计算出要显示的页数，该函数的功能是对参数进行取整；然后，用带 limit 参数的 select 语句分别计算出每页显示的记录内容。其运行结果如图 7-6 所示。

图 7-6　分页输出数据库表中的数据

7.4　案例剖析：网上学生成绩查询系统的实现

PHP 与 MySQL 结合可以出开发功能强大的 Web 应用程序，且实现的项目可移植性强，能无障碍地跨平台运行。下面以某大学网上成绩查询系统为例来介绍如何利用 PHP+MySQL 开发应用程序，希望能起到抛砖引玉的作用。

7.4.1　程序功能介绍

为讲述方便，本实例将使用第 6 章案例剖析中搭建的学生成绩数据库（cjdatabase）作为后台数据库。由于学生在成绩查询过程中，不仅涉及班级、学号、姓名等信息，还涉及课程名称、每门课程的学分、课时数、考试分数等信息。因此，可在学生成绩数据库中以 student、coursetb、scores 作为基础建立视图，视图名称命名为"成绩视图"，其 SQL 代码如下：

```
SELECTcoursetb.课程号,coursetb.课程名,coursetb.开课学期,coursetb.学时,coursetb.学分,
scores.学号,scores.课程号,scores.成绩,student.姓名,student.专业  FROM   coursetb,
scores, student   WHERE coursetb.课程号=scores.课程号  AND scores.学号=student.学号
```

另外，为了将客户端用户查询的条件传递给远端服务器，需在查询页面中设置表单，以方便用户设置查询条件，其代码如下：

```
<form id="form1" name="form1" method="post" action="case7.php">请输入班级编号
    <input type="text" name="classid" id="classid" />
    <input name="submit1" type="submit" id="submit1" value="提交" />
    <input type="reset" name="btnreset" id="btnreset" value="重置" />
</form>
```

其中表单的名称（name）为 form1，处理表单数据的方式（method）是 post，表示用提交的方式将客户端的查询指令传递给服务器。处理表单数据的服务器端脚本程序是 case7.php，在本例中就是程序本身，即处理表单的程序代码来自当前文件中。此处也可以写成 action=""，表示处理表单数据的脚本程序包含在当前程序中。

用户在文本框中输入班级编号，然后单击"提交"按钮，即可将查询的结果返回到页面中。程序运行效果如图 7-7 所示。

图 7-7　学生网上成绩查询系统

7.4.2　程序代码分析

基于上述对网上学生成绩查询系统的功能分析和描述，编写了如下程序代码：

```
<html>
<head>
<meta http-equiv="Content-Type" content="text/html; charset=gb2312" />
<title>成绩查询系统</title>
</head>
<body>
<p align="center" class="STYLE2">××××××大学网络成绩查询系统
<form id="form1" name="form1" method="post" action="case7.php">请输入班级编号
    <input type="text" name="classid" id="classid" />
    <input name="submit1" type="submit" id="submit1" value="提交" />
    <input type="reset" name="btnreset" id="btnreset" value="重置" />
```

```php
</form></p>
<?php
If(isset($_POST["submit1"]))
{
    If(empty($_POST["classid"]))
    {
        echo "<p align=center>班级编号不能为空！</p>";
        die();
    }
    else
    {
        $id=MySql_connect("localhost","root","ld1224");
        MySql_select_db("cjdatabase",$id);
        MySql_query("SET CHARACTER SET gb2312");
        $zy=(string)$_POST['classid'];
        $query="SELECT 学号,姓名,课程名,成绩,班级编号,开课学期,学时,学分,课程号 FROM
成绩视图 where 班级编号 like '$zy%'";
        $result=MySql_query($query,$id);
        $totalnum=MySql_num_rows($result);
        echo "<table border=1 width=85% align=center border=1 cellspacing=0
bordercolorlight= #000080 bordercolordark=#FFFFFF><tr><td >学号</td><td width=10%>姓名
</td><td width=20%> 课程名</td><td>成绩</td><td width=20%>班级编号</td><td width=30%>开
课学期</td><td>学时</td><td>学分</td><td>课程号</td></tr>";
        for($i=1;$i<=$totalnum;$i++)
        {
            $info=MySql_fetch_array($result,MYSQL_ASSOC);
            echo "<tr><td>".$info["学号"]."</td>";
            echo "<td>".$info["姓名"]."</td>";
            echo "<td>".$info["课程名"]."</td>";
            echo "<td>".$info["成绩"]."</td>";
            echo "<td>".$info["班级编号"]."</td>";
            echo "<td>".$info["开课学期"]."</td>";
            echo "<td>".$info["学时"]."</td>";
            echo "<td>".$info["学分"]."</td>";
            echo "<td>".$info["课程号"]."</td></tr>";
        }
        echo "</table>";
        MySql_close($id);
    }
}
?>
</body>
</html>
```

7.5 本章小结

本章着重介绍了 PHP+MySQL 编程的具体方法和步骤，其中重点叙述了常用的操作

MySQL 数据库的函数功能及用法。本章详尽地罗列出了所有案例的程序代码，希望读者能尽快掌握在 PHP 中操作 MySQL 数据库的方法。

7.6 练 习 题

1. 简述在 PHP 中怎样连接 MySQL 服务器。
2. 在 PHP 中怎样选择 MySQL 数据库？
3. 请详细叙述 MySql_query()函数的功能和具体用法。
4. 请分别叙述 MySql_fetch_array()、MySql_num_rows()函数的含义和具体用法。

7.7 上 机 实 战

添加及完善 7.4 节中的学生网上成绩查询系统部分功能，要求为该系统增加一个用户登录页面，合法用户登录成功后，系统自动转到成绩查询页面实现成绩查询，请在原数据库中添加用户表（t_users），其结构如表 7-2 所示，然后设计登录页面及程序，以实现上述系统功能。

表 7-2 用户表（t_users）结构

字 段 名	数 据 类 型	字 段 说 明	键 引 用
userid	varchar	学员编号	主键
username	varchar	姓名	
password	varchar	登录密码	

第 8 章　PHP 中的正则表达式及式样匹配

知识点:

- ☑　正则表达式概念
- ☑　模式匹配的使用
- ☑　正则表达式的编写
- ☑　正则表达式搜索和替换
- ☑　利用正则表达式分割字符串

本章导读:

正则表达式为 PHP 提供了功能强大、灵活而又高效的文本处理方法,它允许用户通过使用一系列特殊的字符构建匹配模式,然后把匹配模式与数据文件、程序输入以及来自客户端网页中的表单输入数据等目标对象进行比较,最后根据比较对象中是否包含匹配模式,来执行字符串的提取、编辑、替换或删除等操作。

8.1　正则表达式简介

PHP 同时使用两套正则表达式规则,一套是由电气和电子工程师协会(IEEE)制定的POSIX 兼容正则表达式规则,另一套来自 PCRE(Perl Compatible Regular Expression)提供的 PERL 兼容正则表达式规则。

8.1.1　正则表达式概念

正则表达式(Regular Expression),又称正规表达式,简单地说,就是由若干字符组成的单个字符串,它可以描述或者匹配一系列符合某个句法规则的字符串。在多数文本编辑器及其他工具中,正则表达式通常被用来检索或替换那些符合某个模式的文本内容。正则表达式由一些普通字符和一些元字符组成。其中,不同的元字符代表不同的特殊含义,它们是实现模式的编码;普通字符包括大小写字母和数字,大多数数字字符在模式中表示它们自身并匹配目标中相应的字符。例如,判断一个身份证号码是否合法的正则表达式可以写成如下形式:

```
ereg("/(^([d]{15}|[d]{18}|[d]{17}x)$)/")
```

其中,15、18、17 为普通字符,而^、[]、$、{ }等为元字符。元字符并不代表其自身,它们用一些特殊的方式来解析。

元字符分为两种,一种是模式中除了方括号内的都能被识别,另一种是在方括号内被识别的，模式中方括号内的部分称为字符类。要正确编写正则表达式，就必须首先掌握有关元字符的知识。表 8-1 中列出了各元字符的功能及其用法的简单示例，建议读者仔细阅读本表，并仔细阅读和理解所列出的相应例子。

表 8-1　正则表达式中的元字符列表

元　字　符	在方括号内/外	功能描述及示例
.（圆点）	外	匹配任何单个字符。例如，正则表达式 c.t 匹配字符串：cat、cut、c t（中间是一个空格），但是不匹配 cost
$	外	匹配字符串的结尾（或在多行模式下行的结尾，即紧随在换行符之前）。例如，正则表达式 weasel$ 能够匹配字符串"He's a weasel"的末尾，但是不能匹配字符串"They are a bunch of weasels."
^	外	匹配字符串的开始（或在多行模式下行的开头，即紧随在换行符之后）。例如，正则表达式^When in 能够匹配字符串"When in the course of human events"的开始，但是不能匹配"What and When in the"
*	外	匹配 0 或多个的数量限定符。例如，正则表达式.*，意味着能够匹配任意数量的任何字符
\	外	有数种用途的通用转义符，用来将这里列出的这些元字符当作普通的字符来进行匹配。例如，正则表达式\$被用来匹配美元符号，而不是行尾
[]	外	匹配括号中的任何一个字符。例如，正则表达式 r[aou]t 匹配 rat、rot 和 rut，但是不匹配 ret。可以在括号中使用连字符-来指定字符的区间。例如，正则表达式[0-9]可以匹配任何数字字符；还可以制定多个区间，例如，正则表达式[A-Za-z]可以匹配任何大小写字母。另一个重要的用法是"排除"，要想匹配除了指定区间之外的字符，则在左边的括号和第一个字符之间使用^字符，例如，正则表达式[^269A-Z]将匹配除了 2、6、9 和所有大写字母之外的任何字符
\< \>	外	匹配词（word）的开始（\<）和结束（\>）。例如，正则表达式\<the\>能够匹配字符串"for the wise"中的"the"，但是不能匹配字符串"otherwise"中的"the"
()	外	用来定义子模式，其中在括号内的称为一个子模式。如在"([0-9]{4})-([0-9]{1,2})-([0-9]{1,2})"中定义了 3 个子模式
|	外	开始一个多选一的分支。将两个匹配条件进行逻辑或运算。例如，正则表达式(him|her) 匹配"it belongs to him"和"it belongs to her"，但是不能匹配"it belongs to them."
+	外	匹配 1 或多个的数量限定符。例如，正则表达式 9+匹配 9、99、999 等
?	外	匹配 0 或 1 个正好在它之前的任意字符。例如，正则表达式 a?，可以匹配 a、ab、ac，但不能匹配 abc
{} {,}	外	匹配指定数目的字符，这些字符是在它之前的表达式定义的。例如，正则表达式 A[0-9]{3}能够匹配字符"A"后面跟着正好 3 个数字字符的串，如 A123、A348 等，但是不匹配 A1234。而正则表达式[0-9]{4,6}匹配连续的至少 4 个、最多 6 个数字字符
\	内	通用转义字符。\\匹配反斜线"\"
^	内	排除字符类（逻辑非），但仅当其作为第一个字符时有效。如[^a-zA-Z]，表示匹配一个非字母的字符串
-	内	指定字符范围。如[0-9]，可以匹配 0～9 的任意数字

表 8-1 介绍的几种元字符中，反斜线是一类特殊的字符，大致有以下 4 类用途。

- 第一类用途就是用它后面跟的非字母或数字的特殊符号来代替这些特殊符号本身，此时它相当于 C 语言的转义字符，在方括号内外都适用，如表达式 "*" 将被转义成 "*" 本身，而 "\\\\" 表示 "\\" 本身。
- 第二类用途是提供一种在模式中以可见方式编码不可打印字符的方法，如 "\n" 匹配一个换行符，"\t" 匹配一个制表符。
- 第三类用途是指定通用字符类型，如 "\d" 表示任一十进制数字，"\D" 表示任一非十进制数的字符。
- 第四类用途是用来标识某些简单的断言，所谓断言是指在一个匹配中的特定位置必须符合某种特定的条件，常见的反斜线断言有："\A" 表示字符串开头，"\Z" 表示字符串结尾或行尾，"\z" 表示字符串结尾等。

如表 8-2 所示总结了以上 4 类作用的反斜线转义功能。

表 8-2　反斜线通常用到的转义序列所表示的字符列表

字　　符	描　　述
\b	匹配一个单词边界，也就是指单词和空格间的位置。例如，'er\b'可以匹配"never"中的 'er'，但不能匹配"verb"中的'er'
\B	匹配非单词边界。'er\B'能匹配"verb"中的'er'，但不能匹配"never"中的'er'
\cx	匹配由 x 指明的控制字符。例如，'\cM'匹配一个 Control-M 或回车符。x 的值必须为 A~Z 或 a~z 之一；否则，将'c'视为一个原义的'c'字符
\d	匹配一个数字字符。等价于'[0-9]'
\D	匹配一个非数字字符。等价于'[^0-9]'
\f	匹配一个换页符。等价于'\x0c'和'\cL'
\n	匹配一个换行符。等价于'\x0a'和'\cJ'
\r	匹配一个回车符。等价于'\x0d'和'\cM'
\s	匹配任何空白字符，包括空格、制表符、换页符等。等价于' [\f\n\r\t\v] '
\S	匹配任何非空白字符。等价于' [^ \f\n\r\t\v] '
\t	匹配一个制表符。等价于'\x09'和'\cI'
\v	匹配一个垂直制表符。等价于'\x0b'和'\cK'
\w	匹配包括下划线的任何单词字符。等价于'[A-Za-z0-9_]'
\W	匹配任何非单词字符，等价于'[^A-Za-z0-9_]'
\xn	匹配 n，其中 n 为十六进制转义值。十六进制转义值必须为确定的两个数字长。例如，'\x41'匹配"A"，'\x041'则等价于'\x04' & "1"。正则表达式中可以使用 ASCII 编码
\num	匹配 num，其中 num 是一个正整数，对所获取的匹配的引用。例如，'(.)\1'匹配两个连续的相同字符
\n	标志一个八进制转义值或一个后向引用。如果\n 之前至少有 n 个获取的子表达式，则 n 为后向引用；否则，如果 n 为八进制数字（0~7），则 n 为一个八进制转义值
\nm	标志一个八进制转义值或一个后向引用。如果\nm 之前至少有 nm 个获取的子表达式，则 nm 为后向引用。如果\nm 之前至少有 n 个获取，则 n 为一个后跟文字 m 的后向引用。如果前面的条件都不满足，若 n 和 m 均为八进制数字（0~7），则\nm 将匹配八进制转义值 nm

字　　符	描　　述
\nml	如果 n 为八进制数字（0～3），且 m 和 l 均为八进制数字（0～7），则匹配八进制转义值 nml
\un	匹配 n，其中 n 是用 4 个十六进制数字表示的 Unicode 字符。例如，'\u00A9'匹配版权符号（©）
\xhh	十六进制代码为 hh 的字符
\ddd	八进制代码为 ddd 的字符

8.1.2　常用的正则表达式及举例

在设计 Web 程序时，经常要用正则表达式，表 8-3 列出了其中比较常见和实用的正则表达式，读者在今后设计网站项目时可以用作参考。

表 8-3　常见实用的正则表达式

要匹配的内容	正则表达式
网址 URL	^[a-zA-z]+: //(\w+(-\w+)*)(\.(\w+(-\w+)*))*(\?\S*)?$
年-月-日	/^\d{4}-(0?\d|1?[012])-(0?\d|[12]\d|3[01])$/
IP 地址	^(d{1,2}|1dd|2[0-4]d|25[0-5]).(d{1,2}|1dd|2[0-4]d|25[0-5]).(d{1,2}|1dd|2[0-4]d|25[0-5]).(d{1,2}|1dd|2[0-4]d|25[0-5])$
中文字符	[\u4e00-\u9fa5]
空行	\n[\s|]*\r
HTML 标记	/<(.*)>.*<\/\1>|<(.*) \/>/
首尾空格	(^\s*)|(\s*$)
Email 地址	"^([w-.]+)@((([[0-9]{1,3}.[0-9]{1,3}.[0-9]{1,3}.)|(([w-]+.)+))([a-zA-Z]{2,4}|[0-9]{1,3})(]?)$"
腾讯 QQ 号	^[1-9]*[1-9][0-9]*$
邮政编码	^[1-9]\d{5}$
电话号码	^((\(\d{2,3}\))|(\d{3}\-))?((0\d{2,3}\))|0\d{2,3}-)?[1-9]\d{6,7}(\-\d{1,4})?$
手机号码	^((\(\d{2,3}\))|(\d{3}\-))?13\d{9}$
SQL 语句	^(select|drop|delete|create|update|insert).*$
允许以字母开头，由字母、数字、下划线组成的 5～16 个字节的账号信息	^[a-zA-Z][a-zA-Z0-9_]{4,15}$
中文、英文、数字及下划线	^[\u4e00-\u9fa5_a-zA-Z0-9]+$

下面通过一个常见的电话号码验证程序来简单阐述表 8-3 中的部分正则表达式。该程序要求用户设置合法的电话号码，程序中将用到内置函数 preg_match()（在 8.2.1 小节中将做详细介绍，这里只简单叙述一下）。该函数用来执行正则表达式的搜索，其语法格式如下：

　　int preg_match(string pattern, string subject [, array matches [, int flags]])

其功能是在 subject 字符串中搜索与 pattern 给出的正则表达式相匹配的内容。preg_match()函数返回 pattern 所匹配的次数。一般返回值只有两个：0（没有匹配）和 1（匹配）次，因为 preg_match()函数在第一次匹配之后将停止搜索，程序代码如下：

```html
<html>
<head>
<title>电话号码验证程序</title>
</head>
<body>
<form name="frm1" method="post" action="">
<div align="center"><font size="4" color="green">电话号码验证程序</font></div>
<table border="1" width=480 align="center">
<tr><td width=80>电话号码：</td>
<td><input type="text" name="TELPHID">
<td class="STYLE1">*  请输入中国大陆地区的电话号码</td></tr>
<tr><td colspan="3" align="center">
<input type="submit" name="smt" value="提交">   
<input type="reset" name="NO" value="取消"></td></tr>
</table>
</form>
</body>
</html>
<?php
if(isset($_POST['smt']))
{
    $id=$_POST['TELPHID'];
    //检查电话号码
    $checktelphno=preg_match('/^((\(\d{2,3}\))|(\d{3}\-))?(\(0\d{2,3}\)|0\d{2,3}-)?[1-9]\d{6,7}(\-\d{1,4})?$/',$id);
    if(!$checktelphno)
        echo "<script>alert('电话号码格式不对！')</script>";
    else
        echo "<script>alert('此数字为电话号码！')</script>";
}
?>
```

本程序运行后的效果如图 8-1 和图 8-2 所示。

图 8-1　新用户注册页面　　　　　图 8-2　当输入不符合规范的电话号码时弹出的对话框

8.2　模式匹配函数

8.1 节中介绍了由普通字符和元字符一起组成的匹配模式，但光有模式是不能做任何事情的，它必须与函数相配合才能起作用。正如 8.1.2 中的电话号码验证程序示例中用到的

preg_match()一样,在该函数中,用由正则表达式组成的匹配模式作为参数,然后 preg_match()就按这个模式来搜索目标字符。下面将详细介绍常见的模式匹配函数。

8.2.1 匹配字符串

正则表达式编写完以后就可以使用模式匹配函数来处理指定字符串,其中,字符串的匹配是正则表达式的主要应用之一。在 PHP 中,和 preg_match()函数功能类似的还有两个函数:ereg()和 eregi()函数,它们也是用于匹配正则表达式的。preg_match()函数是 Perl 兼容的正则表达式函数,而 ereg()和 eregi()函数是 POSIX 扩展的正则表达式函数。

1. preg_match()函数

在 Perl 兼容的正则表达式中使用 preg_match()函数进行字符串的查找,其语法格式如下:

int preg_match(string pattern , string subject [, array matches [, int flags]])

preg_match()函数的功能是:在 subject 字符串中搜索与 pattern 给出的正则表达式相匹配的内容,如果搜索到,则返回与 pattern 匹配的次数。由于 preg_match()函数在第一次匹配成功之后将停止搜索,因此最后返回的值要么是 0(没有匹配),要么是 1。如果带有可选的第 3 个参数 matches,则可以把匹配的部分存在一个数组中,可选参数 flags 表示数组 matches 的长度,如果为 0(即为数组 matches[0]),则数组将包含与整个模式匹配的文本;如果为 1(即为数组 matches[1]),则数组将包含与第一个捕获的括号中的子模式所匹配的文本,依此类推。例如,下列程序代码:

```php
<?php
$string="http://www.cec.edu.cn/index.html";
preg_match('/^(http:\?/?\?/)?([^\?/]+)/i', $string, $matchesf);    //从 URL 中取得主机名
echo $matchesf[0];                                                 //输出 http://www.cec.edu.cn
$host = $matchesf[2];
echo $host;                                                        //输出/www.cec.edu.cn
preg_match('/[^\.\?/]+\.[^\.\?/]+$/', $host, $matchess);           //从主机名中取得后面两段
echo "域名为: $matchess[0]";                                       //输出域名为: cec.edu.cn
?>
```

2. ereg()函数与 eregi()函数

使用 ereg()函数可以查找字符串与子字符串匹配的情况,并返回匹配字符串的长度,还可以借助参数返回匹配字符的数组。语法格式如下:

bool ereg(string (pattern) , string string [, array regs])

该函数对字符串 string 进行查找,如果找到与给定正则表达式 pattern 相匹配的子字符串,则返回 TRUE,否则返回 FALSE。pattern 中可以使用圆括号 "()" 将一些子模式括起并获取这一匹配。如果找到与 pattern 圆括号内的子模式相匹配的子串,并且函数调用给出了第 3 个参数 regs,则匹配项将被存入 regs 数组中。regs[0]包含整个匹配的字符串,regs[1]包含第一个左圆括号开始的子串,regs[2]包含第二个子串,依此类推。如果在 string 中找到 pattern 模式的匹配,则返回所匹配字符串的长度,如果没有找到匹配或出错则返回 FALSE。

如果没有传入可选参数 regs 或者所匹配的字符串长度为 0，则本函数返回 1。例如：

```php
<?php
$today="2008-08-08";
$len=ereg ('([0-9]{4})-([0-9]{1,2})-([0-9]{1,2})', $today, $regs);        //日期格式为年-月-日
if ($len)
{
    echo "$regs[3].$regs[2].$regs[1]". "<br>";                            //输出"08.08.2008"
    echo $regs[0] ."<br>";                                                //输出"2008-08-08"
    echo $len;                                                            //输出 10
}
else
{
    echo "错误的日期格式: $today ";
}
?>
```

运行结果如图 8-3 所示。

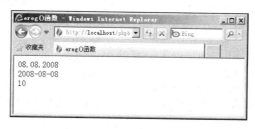

图 8-3　ereg()函数的应用

eregi()函数与 ereg()函数类似，但它在进行匹配时会忽略字符的大小写，这里不再赘述。

8.2.2　替换字符串

用于替换字符串的函数主要有两个，一个是 preg_replace()函数，它是 Perl 兼容正则表达式函数；另一个是 ereg_replace()函数，它是 POSIX 扩展正则表达式函数。

1. preg_replace()函数

该函数执行正则表达式的搜索和替换，其语法格式如下：

mixed preg_replace(mixed pattern, mixed replacement, mixed subject [, int limit])

其中，replacement 中可以包含形如"\\n"或"$n"的逆向引用，$n 取值 1～99，优先使用后者。这里先说说什么是逆向引用：它是通过反斜线转义的数字，该数字指出当前表达式应该再次匹配它已经查找到的这个序列。此时，逆向引用的数目 n 指定当前正则表达式中从左往右数，第 n 个圆括号括起来的子模式应当替换它在字符串中所匹配的文本。解释完了逆向引用，再回到正题，替换模式在一个逆向引用后面紧接着一个数字时（即紧接在一个匹配的模式后面的数字），最好不要使用"\\n"来表示逆向引用。例如，"\\11"，将会使 preg_replace()函数无法分清是一个"\\1"的逆向引用后面跟着一个数字 1，还是一

个表示"\\11"的逆向引用。解决方法是使用"\${1}1"。这会形成一个隔离的"$1"逆向引用，而另一个"1"只是单纯的字符。例如：

```php
<?php
$str="<h1>I love china</h1>";
echo preg_replace('/<(.*?)>/', "($1)",$str);          //输出'(h1) I love china (/h1)'
?>
```

2. ereg_replace()函数

ereg_replace()是 POSIX 风格的正则表达式函数，它与第 4 章中讲到的 str_replace()函数一样，可以将查找到的字符串替换为指定字符串。与 str_replace()不同的是，ereg_replace()函数能实现更为复杂的字符串操作。ereg_replace()函数的语法格式如下：

string ereg_replace(string $pattern , string $replacement , string $string)

其中，参数$replacement 表示替换字串时要用到的字符，其功能是：使用字符串$replacement 替换字符串$string 中与$pattern 匹配的部分并返回替换后的字符串。如果没有可供替换的匹配项则返回原字符串。例如：

```php
<?php
$stra="hello world";
echo ereg_replace('[lro]', 'y',$stra). "<br>";
$resrc='<a href=\"world.php\">hello</a>';
echo ereg_replace('hello', $resrc,$stra);          //用一个超链接替换'hello'字符
?>
```

该程序的运行结果如图 8-4 所示。

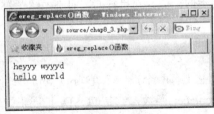

图 8-4　ereg_replace 函数的应用

8.2.3　用正则表达式分割字符串

PHP 程序支持两种用于对字符串进行分割的正则表达式函数，一种是 Perl 兼容正则表达式函数 preg_split()，另一种是 POSIX 扩展正则表达式函数 split()。

1. preg_split()函数

该函数功能是用正则表达式来分割指定的字符串，语法格式如下：

array preg_split(string $pattern , string $subject [, int $limit [, int $flags]])

本函数区分大小写，返回一个数组，其中包含$subject 中沿着与$pattern 匹配的边界所分割的子串。如果指定了可选参数$limit，则最多返回$limit 个子串，如果省略或为-1，则

没有限制。可选参数$flags 的值可以是以下 3 种。

- ❑ PREG_SPLIT_NO_EMPTY：如果设定本标记，则函数只返回非空的字符串。
- ❑ PREG_SPLIT_DELIM_CAPTURE：如果设定本标记，定界符模式中的括号表达式的匹配项也会被捕获并返回。
- ❑ PREG_SPLIT_OFFSET_CAPTURE：如果设定本标记，对每个出现的匹配结果也同时返回其附属的字符串偏移量。

例如，以下程序：

```php
<?php
$str="one world, one dream";
$priecewords = preg_split ("/[\s,]+/", $str); //以空白符或逗号作为定界符
print_r($priecewords);
?>
```

本程序的运行结果如图 8-5 所示。

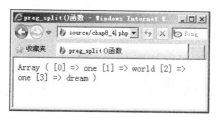

图 8-5 preg_split ()函数的应用

2. split()函数

其功能与 preg_split()函数类似，实现用正则表达式对字符串进行分割，语法格式如下：

array split(string $pattern , string $string [, int $limit])

本函数返回经使用$pattern 作为边界对字符串$string 进行分割后得到的字符串数组，如果设定了$limit，则返回的数组最多包含$limit 个元素，而其中最后一个元素包含了字符串 $string 中剩余的所有部分，如果出错，则返回 FALSE。例如，以下程序：

```php
<?php
$string="One .world|one.dream_?";
$array=split('[ |._]', $string);
print_r($array);
?>
```

本程序的运行结果如图 8-6 所示。

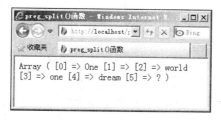

图 8-6 split()函数的应用

8.2.4 转义正则表达式字符

preg_quote()函数可以使正则表达式中的特殊字符变成普通字符，其语法格式如下：

string preg_quote(string str[,string delimiter])

其中，参数 str 表示需转换的字符串，函数处理结果是将字符串 str 中每个属于正则表达式语法的字符前面加上一个反斜线。如果需要以动态生成的字符串作为模式去匹配，则可以用此函数转义其中可能包含的特殊字符。如果提供了可选参数 delimiter，则该字符也将被转义。下面举例说明如何利用 preg_quote()函数来转义正则表达式中的字符。

```php
<?php
$pattern="$60 for a A3/400";        //获取当前网页在服务器中的地址
$transeout=preg_quote($pattern,"/");
echo "此时 pattern 的内容为：<br/>";
echo $pattern."<br/>";
echo "经过 preg_quote 函数处理过的结果为：".$transeout;
?>
```

本程序的运行结果如图 8-7 所示。

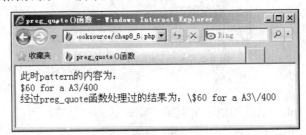

图 8-7　preg_quote()函数的应用

8.3　案例剖析：新用户注册程序

网上注册新用户是比较常见的 Web 应用，如申请电子邮箱、申请网络论坛账号等，都需要用户填写和提交 Web 页面上的注册表单。在这些注册表单上，通常有一些选项要求用户输入符合规范的数据信息，如出生日期、电子邮箱、电话号码、邮政编码等。这些选项的设置利用正则表达式来实现是非常容易的。

8.3.1 程序功能介绍

本程序首先在客户端页面上生成一个用户注册的表单，要求客户端用户输入自己的出生日期、设置自己的用户号及密码、用户的电子邮箱地址等。在输入以上信息时，如果存在用户提供的数据格式不正确，则程序会弹出相关的提示框。

8.3.2　程序代码分析

该例中要求用户设置合法的用户名、密码，并要求输入出生日期、有效的邮件地址等，本程序中用到了内置函数 preg_match()，程序代码如下：

```
<html><head>
<title>新用户注册页面</title>
</head>
<body>
<form name="frm1" method="post" action="">
<div align="center"><font size="4" color="green">新用户注册信息</font></div>
<table border="1" width=480 align="center">
<tr><td width=80>用户号：</td>
<td><input type="text" name="userID">
<td class="STYLE1">* 6～10 个字符(数字,字母和下划线)</td></tr>
<tr><td>密码：</td>
<td><input type="password" name="pw" size="18"></td>
<td class="STYLE1">* 6～17 个数字</td></tr>
<tr><td>出生日期:</td>
<td><input type="text" name="shengri"></td>
<td>* 有效的日期</td></tr>
<tr><td>邮箱:</td>
<td><input type="text" name="EMAIL"></td>
<td >* 有效的邮件地址</td></tr>
<tr><td colspan="3" align="center">
<input type="submit" name="smt" value="提交">   
<input type="reset" name="NO" value="取消"></td></tr>
</table>
</form>
<?php
if(isset($_POST['smt']))
{
    $id=$_POST['userID'];
    $pwd=$_POST['pw'];
    $birthday=$_POST['shengri'];
    $Email=$_POST['EMAIL'];
    $checkid=preg_match('/^\w{6,10}$/',$id);         //检查是否为 6～10 个字符
    $checkpwd=preg_match('/^\d{6,17}$/',$pwd);     //检查是否为 6～17 个数字
    //检查是否是有效的日期
    $checkbirthday=preg_match('/^\d{4}-(0?\d|1?[012])-(0?\d|[12]\d|3[01])$/',$birthday);
    //检查 Email 地址的合法性
    $checkEmail=preg_match('/^[a-zA-Z0-9_\-]+@[a-zA-Z0-9\-]+\.[a-zA-Z0-9\-\.]+$/',$Email);
    if(!$checkid)
        echo "<script>alert('用户号格式不符合规范！')</script>";
    elseif(!$checkpwd)
        echo "<script>alert('密码格式不符合规范！')</script>";
    elseif(!$checkbirthday)
        echo "<script>alert('出生日期格式不符合规范！')</script>";
```

```
    elseif(!$checkEmail)
        echo "<script>alert(邮箱格式不符合规范！')</script>";
    else
        echo "注册成功！";
}
?>
</body></html>
```

本程序运行后的效果如图 8-8 和图 8-9 所示。

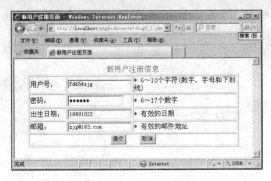
图 8-8　新用户注册页面

图 8-9　当输入不符合规范的日期时弹出的对话框

8.4　本章小结

本章介绍了 PHP 中的正则表达式，首先让读者了解什么是正则表达式、正则表达式的构成、正则表达式的语法等基础知识，然后着重介绍了几种常用的正则表达式函数的功能和使用方法，最后通过典型案例进一步深入讲述正则表达式的使用方法。在讲述知识点时介绍了很多实际例子，希望读者借助这些实例能尽快熟悉正则表达式的应用。

8.5　练习题

1．简述什么是正则表达式。它由哪两种类型的字符组成？

2．Perl 兼容正则表达式与 POSIX 扩展正则表达式有什么区别？

3．如果要验证中国大陆地区居民身份证号码是否符合格式规定，应该怎样来编写正则表达式？

8.6　上机实战

1．创建一个动态网页，要求把日期"2011-4-24"转换为"2011 年 4 月 24 日"。

2．创建动态网页程序，实现对中国大陆地区电话号码和 IP 地址有效性的验证。

第9章 PHP 中的对象

知识点：

- ☑ 类与对象的概念
- ☑ 类的定义与实例化
- ☑ 类的成员与作用域
- ☑ 类的继承
- ☑ 类的重用

本章导读：

PHP 是面向对象的编程语言。面向对象是最近三十多年发展起来的一种编程思想，在它出现之前，程序员往往采用的是面向过程的编程方法，这种方法要求用户必须全面完整地描述其业务需求，然后程序员根据这些需求决定需要哪些过程，确定实现任务需求的最佳算法，其设计的重点在于处理过程和执行运算的算法。面向过程编程方法最大的缺点是编程效率不高，可扩展性差，程序代码的重用率低。为克服面向过程编程方法的缺点，面向对象编程技术应运而生。

9.1 类 与 对 象

在本书第 3 章中讲述了 PHP 支持的数据类型，其中有一种数据类型称为对象数据类型，此种数据类型就涉及了类和对象的概念。类和对象是面向对象编程技术中的两个重要概念，对于初学者来说可能有一点抽象，理解起来比较困难。下面通过现实生活中的一些实例来讲解这两个概念。

9.1.1 类的概念

类描述了一组有相同特性（属性）和相同行为（方法）的事物。世界是怎么构成的？对于这个问题，不同的人可能有不同的答案。化学家可能回答"这个世界是由分子、原子、离子等化学物质组成的"；画家可能回答"这个世界是由不同的颜色所组成的"；但如果让一个分类学家来回答这个问题，他可能会说"这个世界是由不同类型的物与事所构成的"。作为程序员来说，在实际编程过程中就应该站在分类学家的角度去考虑问题。现在，我们站在分类学家的角度去回答这个问题：世界是由动物、植物等组成的；动物又分为单细胞动物、多细胞动物、哺乳动物等；哺乳动物又分为人、大象、老虎……就这样分下去我们会发现，世界由很多类事物组成，每类事物都有自己独有的特性。或者说，同一类事物具有共同的特性。这就好比华南虎、东北虎都属于老虎类。这里，老虎是一个类，华南虎则属于类中的一个具体的对象。

面向过程的编程语言与面向对象的编程语言的区别就在于：面向过程的语言不允许程序员自己定义数据类型，只能使用程序中内置的数据类型；而面向对象编程提供了类的概念，程序员可以根据需要自由地定义数据类型（即类）。通过类，程序员可以将某软件项目模拟成真实世界，从而设计出更加科学、合理的解决方案来。

例如，要用 PHP 设计一个学生管理软件系统，如果要用面向对象编程方法来实现，则应该在 PHP 程序中至少要创建一个学生类 student，然后为这个类定义共有属性，如学生姓名、性别、年龄、籍贯、家庭住址等，然后还要定义所具有的行为（在程序设计中称为方法），如学生选课、上课、考试等。student 类定义好后，就可以在接下来的代码编写中使用这个类。定义完毕学生类之后，如果想让这个学生类像现实生活中真实的学生一样动起来，还必须将这个类实例化，即创建一个属于该类的对象，接下来就可以让这个对象根据定义的行为（方法）内容动起来。

9.1.2　对象

前面讲了有关类的概念。创建完毕类，只是完成了对一些具有相同属性和行为的事物的定义，要想让所定义的类具有实际意义，必须要创建一个属于该类的具体对象，如果把类比作模板，则对象就是基于该模板的一个实例。例如，学生是一个类，其中有个男学生，姓名叫张三，则张三是学生类的一个具体的、实实在在存在的人，是学生类的一个对象。又如，全世界的雇员可以归结为一个类，则一名叫李四的、受雇于北京某软件公司的员工就是雇员类的一个对象。

综上所述，可以归纳一下类和对象的关系：类是包含属性（变量）和函数（方法，也可称为类的行为）的集合。就像一张建筑工程的蓝图一样，类本身不能做任何事情，它只是定义了一个对象所具有的属性和方法，属性用于描述对象，而方法用于定义对象的行为，即对象能做什么或被做什么。如图 9-1 所示描述的是汽车类，它定义了汽车的所有者（$owner）和颜色（$color）两个属性，以及显示汽车外观的方法（showcar()）。如果将变量$owner 和$color 分别赋予具体的数据，则会得到相应的一个汽车对象。

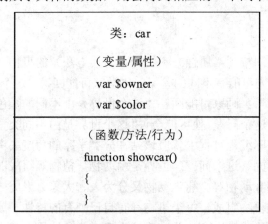

图 9-1　汽车类示意图

9.2　使　用　类

正如前文所述，类是模板，是用于定义类的属性和方法的。下面介绍如何在 PHP 程序中定义一个类和实例化一个类，以及类成员、类的继承等相关知识。

9.2.1　定义类和类的实例化

类是面向对象程序设计的核心，它是一种数据类型。类由变量和函数组成，在类中，变量称为属性或成员变量，函数称为方法。创建类时，要用到关键字 class，在后面跟类的名称，然后用一对大括号将类的具体定义内容括起来，其定义的语法格式如下：

```
class classname                      //定义类名
{
    var $property[= value];...       //定义类的属性
    function functionname($args)     //定义类的方法
    {
            方法的实现程序代码
    }
}
```

在类中，使用关键字 var 来声明变量，即类的属性；使用关键字 function 来定义函数，即类的方法。例如，以下程序定义了一个简单的类 a。

```
class a
{
    var $a;
    function fun($b)
    {
        echo "hello world";
    }
}
```

在声明一个类后，类只存在于文件中，程序不能直接调用。需要创建一个对象后程序才能使用。就像一张刚设计好的桥梁图纸，桥的外观和相关工程参数只是显示在图纸上，但还不是真实的桥梁，将桥的蓝图交给负责施工的工程队，就可以建造一座甚至多座真实的桥梁了，工程队施工建造桥梁的过程就相当于下面即将讲述的类的实例化过程。

在 PHP 中要利用保留关键字 new 来对一个对象实例化，即创建一个对象，在 new 关键字后面需要指定实例化的类名，而用特殊变量$this 来引用这个新建的对象，基于同一个类创建的不同对象都有相同的属性和方法，但每个属性具体的赋值是不同的，如汽车类 car，如果有一辆实际的汽车，其颜色（color）属性是红色，而其他不同的汽车颜色（color）属性可以是白色、蓝色、黑色等。例如，下列程序定义一个 Ctest 类，并经实例化后得到了对象$objt。

```php
<?php
class Ctest                                    //定义一个类 Ctest
{
    var $stunumber;                            //声明一个属性
    function add($number)                      //声明一个方法
    {
        $this->stunumber=$ number;             //使用$this 引用内部的属性
        echo $this->stunumber;
    }
}
$objt=new Ctest;                               //创建 Ctest 类的一个对象$objt
$objt-> add('12')                              //调用类中定义的方法
?>
```

9.2.2   显示对象的信息

可以利用 print_r()函数来显示对象的详细信息，在显示对象信息时，将以数组的形式输出。例如，下面这个程序，首先是定义了一个类，然后创建了基于该类的两个实例，最后用 print_r()函数分别输出这两个类的信息。

```php
<?php
class empolyee
{
    var $number;
    var $name;
    var $sex;
    var $age;
    function show()
    {
        echo $this->number;
        echo $this->name;
        echo $this->sex;
        echo $this->age;
    }
}
$zhangsan=new empolyee();                      //实例化第一对象
$zhangsan->number='081101';
$zhangsan->name='张三';
$zhangsan->sex='男';
$zhangsan->age=21;
$lisi=new empolyee();                          //实例化第二对象
$lisi->number='081102';
$lisi->name='李四';
$lisi->sex='女';
$lisi->age=20;
echo "第一个对象的信息：";
print_r($zhangsan);                            //输出第一对象的信息
echo "<br/>"."第二个对象的信息：";
```

178

```
print_r($lisi);                    //输出第二对象的信息
?>
```

本程序运行后的结果如图 9-2 所示。

图 9-2　对象信息的显示

9.2.3　类成员和作用域

这里说的类成员指的就是类的属性。在 PHP 4 中，类的属性必须使用关键字 var 来声明，而在 PHP 5 中，引入了访问修饰符 public、private 和 protected。它们可以控制属性和方法的作用域，通常放置在属性和方法的声明之前。

❑ public：声明为公用的属性和方法。若一个属性或方法被声明为 public，则可以在类的外部或内部访问它们。public 是默认选项，如果没有为一个属性或方法指定修饰符，那么它将是 public。

❑ private：声明为私有的属性和方法。若一个属性或方法被声明为 private，则只可以在类的内部进行访问。私有的属性和方法将不会被继承。

❑ protected：声明为被保护的属性和方法。若一个属性或方法被声明为 protected，只可以在类的内部和子类的内部进行访问。

例如：

```
<?php
class student                      //声明一个类
{
    public $num;
    protected $name;
    private $telphone;
    public function Stuinfo()
    {
        echo "how are you";
    }
}
$object=new student;               //创建一个对象$object
$object->num="07121014";
echo $object->num;                 //输出"07121014"
$object->Stuinfo();                //输出" how are you "
$object->telphone="84565";         //出错，访问权限不够，telphone 只能在 student 类内部被访问
?>
```

9.2.4　构造函数与析构函数

构造函数是类中的一个特殊函数，当用 new 来创建类的对象时会自动执行该函数。如果在声明一个类时同时声明了构造函数，则会在每次创建该类的对象时自动调用此函数，因此非常适合在使用对象之前完成一些初始化工作。

在 PHP 4 中，在类的内部与类同名的函数都被认为是构造函数。而在 PHP 5 中，构造函数的名称为 __construct（注意，在 construct 前面是两条连着的下划线）。如果一个类同时拥有 __construct 构造函数和与类名相同的函数，PHP 5 将把 __construct 看作是构造函数。构造函数可以带参数，也可以不带参数。例如，下面这个程序实现的是九九乘法表，其程序代码如下：

```php
<?php
class table
{
    public $x;                  //乘法表的维数
    function __construct()      //构造函数出示化乘法表的维数
    {
        $this->x=9;
    }
    function print_table()
    {
        for ($i=1;$i<=$this->x;$i++)
        {
            for ($j=1;$j<=$i;$j++)
            {
                echo $j."*".$i." ";
            }
            echo "<br>";
        }
    }
}
$table1=new table;          //在此处创建一个对象，同时执行构造函数
$table1->print_table();     //打印九九乘法表
?>
```

类的析构函数的名称是 __destruct，如果在类中声明了 __destruct 函数，PHP 在对象不再需要时会调用析构函数将对象从内存中销毁。例如在销毁某对象时将处理好的某些数据一并写进数据库，这时可以考虑使用析构函数来完成。在析构完成前，这些对象属性仍然存在，但只能进行内部访问，因此，析构函数可以做与对象有关的任何善后工作。总之，析构函数并不仅仅是为了把对象自身的内存释放掉，它还能够在用户需要额外释放某些内存时，告诉 PHP 需要释放的内存在哪里，并进而释放掉这些内存，以节省服务器资源。例如，下面的程序实现了在销毁对象之前关闭已经打开的文件。

```php
class rd_file
{
```

```php
    public $file;
    function __construct()
    {
        $this->file = fopen('path', 'a');            //打开文件
    }
    function __destruct()
    {
        fclose($this->file);                         //关闭文件
    }
}
```

9.2.5　继承

现实生活中，子女可以继承父母的财产。在 PHP 程序中，类也可以从父类中继承有关属性和方法的定义。在面向对象的程序设计中，可借助于"继承"这一重要机制扩充某个类的定义，即一个新类可以通过对已有的类进行修改或扩充来满足新类的需求。新类通过继承来共享已有类的行为，而自己还可以修改或额外添加行为。因此，可以说继承的本质特征是行为共享。

继承要求至少有一个现存的类，它将作为父类被继承。新建的子类用关键字 extends 声明，新创建的类被称为已有类的子类，已有类称为父类，又叫基类。PHP 不支持多继承，所以一个子类只能继承一个父类。另外，继承是单方向的，即子类可以从父类中继承特性，但父类却无法从子类中继承特性。例如，有以下两个类的定义。

```php
<?php
class class_A                            //定义父类 class_A
{
    public $str1;
    private $str2="this is string2";
    protected $str3=" this is string3";
    public function a_fun()
    {
        $this->a_str1= " this is string1";
    }
}
class class_B extends class_A            //定义子类 class_B，继承于父类 class_A
{
    public $b_str;              //子类中定义的属性，相当于是在父类基础之上增加一个额外属性
    public function b_fun()
    {
        parent::a_fun();                 //子类访问父类的方法
        echo $this->str1;                //子类中访问父类的 public 属性
        $this->str3="str3";              //子类中访问父类的 protected 属性
    }
}
$b=new class_B;                          //创建对象$b
$b->a_fun();                             //调用 class_A 类的 a_fun()方法
```

181

```
echo $b->str1;                           //输出" this is string1"
$b->b_fun();                             //访问 class_B 类的方法
?>
```

创建新的子类时，如果没有自己的构造函数，那么子类在实例化时会自动调用其父类的构造函数。如果子类中有自己的构造函数，则执行自己的构造函数。在子类中调用父类的方法，除了使用"$this->"外，还可以使用 parent 关键字加范围解析符，如"parent::functionname()"。为了能明确在调用时调用的是子类方法还是父类方法，建议使用后一种写法。而对于父类的属性，在子类中只能使用"$this->"来访问，因为在 PHP 中，属性是不区分是父类还是子类的。

另外，继承可以是多重的，也就是说，类 B 继承了类 A，类 C 又继承了类 B，那么类 C 也就继承了类 B 和类 A 的所有属性和方法。

9.3　PHP 的对象特性

PHP 5 为面向对象编程提供了一些新的特性。下面介绍其中非常重要的几种。至于其他的特性及其内容，读者可以参阅有关参考书籍。

9.3.1　final 类和方法

PHP 5 引入了 final 关键字，在声明类时使用这个关键字，将使这个类不能被继承。被声明为 final 的方法可以在子类中使用，但不能被覆盖。假设下列代码中使用 final 关键字定义了一个类 A。

```
final classfirst
{
    //....
}
```

如果类 classsecond 尝试继承类 A，将会提示"Fatal error: Class B may not inherit from final class (A)"错误信息。再如，设计一个 Math 类，该类主要完成一些数学运算，这些计算方法一般来说没必要修改，也没必要被继承，因此可将该类设置成 final 类，具体程序代码如下：

```
<?
final class Math                         //声明一个 final 类 Math
{
    public static $pi = 3.14;
    public function __toString()
    {
        return "this is Math class。";
    }
}
```

```php
$math = new Math();
echo $math;
class SuperMath extends Math //声明一个子类 SuperMath，执行时会出错，final 类不能被继承
{
}
?>
```

9.3.2　静态成员

静态成员是 PHP 5 中新增的特性，指不需要对象实例就能够使用的属性或方法。静态成员是一种类变量，可以把它看成属于整个类而不是类的某个实例。静态成员只保留一个变量值，而这个变量值对所有的实例都是有效的，即所有的实例都共享这个成员。访问静态属性和方法时，需要使用到范围解析符 "::"，书写格式如下。

❑　访问静态属性：classname::$attribute;
❑　访问静态方法：classname::Cfunction([$args,…]);

例如，下面这个程序：

```php
<?php
class Cteacher
{
    public $num="jery";
    public static $name="";
    public static function setname($name)
    {
        Cteacher::$name=$name;
    }
    public static function getname()
    {
        echo Cteacher::$name;
    }
}
Cteacher::setname("smartbean");        //访问 setname()方法
Cteacher::getname();                   //输出 smartbean
echo Cteacher::$name;                  //输出 smartbean
?>
```

9.3.3　克隆对象

PHP 可以使用 clone 关键字建立一个与原对象拥有相同属性和方法的对象，这种方法适用于在一个类的基础上实例化两个类似对象的情况。克隆对象的语法格式如下：

$new_obj=clone $old_obj;

其中，$new_obj 是新的对象名，$old_obj 是要克隆的对象名。

克隆后的对象拥有被克隆对象的全部属性，如果需要改变这些属性，可以使用 PHP 提供的方法__clone。该方法在克隆一个对象时将自动被调用，类似于__construct 和__destruct

方法。例如，以下程序：

```php
<?php
class classparent
{
    public $number=2;
    public function __clone()
    {
        $this->number=$this->number +1;
    }
}
$cls1=new classparent;
$cls2=clone $cls1;
echo $cls1->number."<br/>";              //输出 2
echo $cls2->number;                      //输出 3
?>
```

程序的运行结果如图 9-3 所示。

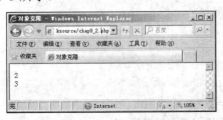

图 9-3　克隆对象

9.3.4　方法重载

　　方法重载是类多态性的一种实现，是指一个标识符被用作多个函数名且能够通过函数的参数个数或参数类型将这些同名的函数区分开来，调用不会发生混淆。这样做的主要好处就是，不用为了不同的参数类型或参数个数而写多个函数。方法重载情况下，虽然多个函数使用同一个名字，但由于参数的个数和数据类型不同，因此根据参数表可以自动调用对应的函数。PHP 5 中，方法__call()可以用于实现方法的重载。__call 方法必须要有两个参数：第一个参数包含被调用的方法名称，第二个参数包含传递给该方法的参数数组。当类中相应的方法被访问时，__call 方法才被调用。例如，下列程序代码：

```php
<?php
class C_call
{
    function getarray($a)
    {
        print_r($a);
    }
    function getstr($str)
    {
        echo $str;
```

```
    }
    function __call($method, $array)
    {
        if($method=='show')
        {
            if(is_array($array[0]))
                $this->getarray($array[0]);
            else
                $this->getstr($array[0]);
        }
    }
}
$obj=new C_call;                //类的实例化
$obj->show(array(1,2,3));       //输出:Array ([0] => 1 [1] => 2 [2] => 3)
$obj->show('string');           //输出:'string'
?>
```

程序的运行结果如图 9-4 所示。

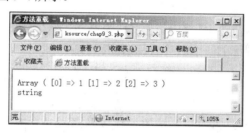

图 9-4　方法重载

9.4　案例剖析：一个课程管理类及其对象的实现

在高等学校中，由于专业众多，开设的课程也非常多，如何有效管理大量的课程是每所高校都不能回避的问题。但是，课程虽然众多，这些课程之间却存在着很多共性，因此可以将课程定义为一个类，以此来进行面向对象编程，实现对课程的信息化管理。下面举一个简单例子，希望对读者有抛砖引玉之效。

9.4.1　程序功能介绍

首先应对所有课程的共性进行抽象，以便在编程时能用程序代码实现类的定义。例如，所有课程都应具有课程编号、课程名称、课程类别、任课教师、课时数等公共的属性，然后还要定义一个该类的行为即方法，用来显示某课程对象的具体内容。用 PHP 来定义该课程类的程序代码如下：

```
class student
{
    private $number;
```

```
    private $name;
    private $type;
    private $teacher;
    private $ksshu;
    function show($KH,$KM,$LB,$teacperson,$kss)     //定义方法，用于显示对象内容
    {
        $this->number=$KH;
        $this->name=$KM;
        $this->type=$LB;
        $this->teacher=$teacperson;
        $this->ksshu=$kss;
        echo "课程编号：".$this->number."<br>";
        echo "课程名称：".$this->name."<br>";
        echo "课程类别：".$this->type."<br>";
        echo "教师姓名：".$this->teacher."<br>";
        echo "讲课时数：".$this->ksshu."<br>";
    }
}
```

本程序要求客户端用户通过一个 Web 页面表单来实例化课程类，提交表单之后，程序将在服务器端产生某门课程的一个具体课程对象。

9.4.2   程序代码分析

基于前面对该课程类的属性和方法的抽象以及对程序功能的描述，可编写如下程序代码：

```
<html>
<head>
<title>课程管理类</title>
</head>
<body>
<form method="post">
<h5>初始化课程类的属性:<h5>
课程编号：<input type="text" name="number"><br>
课程名称：<input type="text" name="name"><br>
任课教师：<input type="text" name="tcname"><br>
课 时 数：<input type="text" name="kscount"><br>
课程类别：<input type="radio" name="type" value="公共基础" checked="checked">公共基础
<input type="radio" name="type" value="专业基础">专业基础<br>
<input type="radio" name="type" value="专业选修">专业选修<br>
<input type="submit" name="ok" value="显示实例化后的对象">
</form>
<?php
class student
{
    private $number;
    private $name;
```

```
        private $type;
        private $teacher;
        private $ksshu;
        function show($KH,$KM,$LB,$teacperson,$kss)
        {
            $this->number=$KH;
            $this->name=$KM;
            $this->type=$LB;
            $this->teacher=$teacperson;
            $this->ksshu=$kss;
            echo "课程编号：".$this->number."<br>";
            echo "课程名称：".$this->name."<br>";
            echo "课程类别：".$this->type."<br>";
            echo "教师姓名：".$this->teacher."<br>";
            echo "讲课时数：".$this->ksshu."<br>";
        }
}
if(isset($_POST['ok']))
{
    $KH=$_POST['number'];
    $KM=$_POST['name'];
    $LB=$_POST['type'];
    $teacperson=$_POST['tcname'];
    $kss=$_POST['kscount'];
    $stu=new student;
    echo "实例化课程类后得到的一个对象为"."<br/>";
    $stu->show($KH,$KM,$LB,$teacperson,$kss);
}
?>
</body>
</html>
```

程序的运行结果如图 9-5 所示。

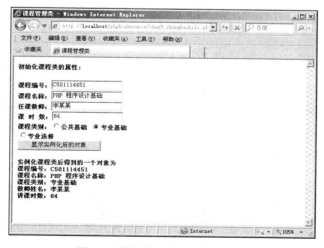

图 9-5　课程管理类及对象的实现

9.5 本 章 小 结

本章介绍了如何在 PHP 中实现面向对象编程。通过学习，读者应熟悉面向对象编程中的常用术语和一些基本编程技巧。面向对象编程技术一个最大的优势是它会尽量模拟真实的环境，因此能更直观、科学、合理地实现用户想要的应用。面向对象的编程思想大大解放了程序员，使程序员的工作效率得以大大提高。同时，利用面向对象编程技术研制出来的软件具有很强的灵活性和可扩展性等优点。

9.6 练 习 题

1. 在 PHP 中如何定义类及类的成员？
2. 如何创建基于类的一个对象？
3. 如何定义私有、公共和受保护的属性？怎样实现类的继承？
4. 简述构造函数和析构函数的功能，并描述其语法结构。

9.7 上 机 实 战

请用面向对象编程技术在 PHP 程序中创建一个学生类，在类中要求定义的属性有学号、姓名、性别、班级编号、专业、选修课程课号、课程名称和考试成绩。然后编写两个方法：selectcourse()方法用来实现学生选课操作；showsocre()方法用来显示所选课程的考试成绩。

第 10 章　Dreamweaver CS4 中的 PHP 程序设计

知识点：

☑　Dreamweaver CS4 简介
☑　利用 Dreamweaver CS4 建立 PHP 网站站点
☑　Dreamweaver CS4 中怎样连接 MySQL 数据库
☑　创建记录集与记录集导航条
☑　常见的 MySQL 数据库操作在 Dreamweaver CS4 中的实现

本章导读：

　　PHP 动态网页是一种无格式的纯文本文件，利用 Windows 记事本等一般的文本编辑器即可编写 PHP 动态网页程序。但如果要创建和维护一个大型、复杂的 PHP 动态网站，普通文本编辑器就显得力不从心。应用 Dreamweaver CS4 可以弥补普通文本编辑器工作效率低下的缺点，它提供了一组与 MySQL 数据库访问有关的服务器行为，如创建记录集、创建记录集导航条、插入记录、删除记录以及更新记录等，可以快速生成 PHP 数据库程序。

10.1　Dreamweaver CS4 概述

　　Dreamweaver 是一款集网页设计和网站管理于一身的可视化网页开发软件，其最新版本是 Dreamweaver CS4。Dreamweaver CS4 采用多种先进技术，提供了强大的可视化工具、应用开发功能和代码编辑支持，使开发人员能快速高效地设计、开发和维护跨越平台限制及跨越浏览器限制的网站和应用程序。Dreamweaver CS4 和之前的版本相比，其界面几乎是做了一次脱胎换骨的改进，可以看到更多的设计元素，使开发人员可以快捷地创建出代码规范的应用程序。Dreamweaver CS4（为叙述方便，以下简称 Dreamweaver 或 DW）应用程序的操作环境包括菜单栏、工具栏、文档窗口、属性面板、面板组和下拉按钮等几个部分，如图 10-1 所示。

10.2　利用 Dreamweaver 建立 PHP 动态网站站点

　　创建站点的目的在于将本地文件与 Dreamweaver 之间建立联系，使设计人员可以通过 Dreamweaver 管理站点文件。

在此选择第二项即"否"单选按钮,然后单击"下一步"按钮。而如果选择第一项,则还需对连接远程服务器的方式、远程文件夹以及文件的存回和取出等选项进行设置。以上步骤完成后,将弹出新建站点的信息汇总窗口,如图 10-7 所示。

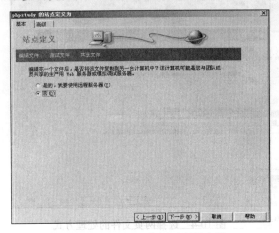
图 10-6　选择是否使用远程服务器

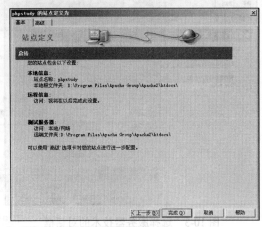
图 10-7　选站点设置信息汇总

(7) 单击"完成"按钮,Dreamweaver 将自动在文件面板中打开该站点,如图 10-8 所示。此时的站点没有一个网页文件,是一个空站点,可用鼠标右键单击该站点的文件夹图标"📁",在弹出的快捷菜单中选择"新建文件"命令,如图 10-9 所示,然后系统将自动创建名为 untitled.php 的网页文件,此时的文件名还处于高亮色状态,提示用户可重新命名该文件名。

图 10-8　站点文件面板

图 10-9　新建文件快捷菜单

10.2.2　在 Dreamweaver 中创建 MySQL 连接

正如第 7 章所述,PHP 提供了一组 MySQL 库函数,其中包括实现与 MySQL 数据库连接的函数 MySql_connect()。在 Dreamweaver 中可以使用"数据库"面板来创建 MySQL 数据连接,操作方法如下:

（1）在 Dreamweaver 中打开一个 PHP 网页，选择"窗口"→"数据库"命令或者按 Shift+Ctrl+F10 组合键，打开如图 10-10 所示的"数据库"面板。

（2）单击 ➕ 按钮，选择"MySQL 连接"命令，如图 10-11 所示。

图 10-10　　"数据库"面板　　　　　　图 10-11　MySQL 数据库连接命令

（3）在设置数据库连接之前，应保证已启动了 MySQL 服务器。在"MySQL 连接"对话框中，通过设置如图 10-12 所示的各个选项，为当前 PHP 动态网站创建数据库连接，需要设置的内容如下：

① 输入新连接的名称，如 constu。需提醒读者的是，不要在该名称中使用任何空格或特殊字符。

② 在"MySQL 服务器"文本框中，指定承载 MySQL 的计算机，可以输入 IP 地址或服务器名称。若 MySQL 与 PHP 运行在同一台计算机上，则可输入"localhost"。

③ 输入 MySQL 用户名和密码。

④ 在"数据库"文本框中输入要连接的数据库名称，也可以单击"选取"按钮并从 MySQL 数据库列表中选择要连接的数据库，如图 10-13 所示，这里选择的是 student 数据库，然后单击"确定"按钮返回到"MySQL 连接"对话框中。

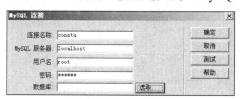

图 10-12　"MySQL 连接"对话框　　　　　　图 10-13　选择数据库

（4）单击"MySQL 连接"对话框中的"测试"按钮，如果 Dreamweaver 连接数据库成功，则会显示"成功创建连接脚本。"的提示信息框，如图 10-14 所示。如图连接失败，用户需检查服务器名称、用户名、密码等信息是否设置正确。然后再单击"MySQL 连接"对话框中的"确定"按钮，新连接的数据库将出现在"数据库"面板中，如图 10-15 所示，这个数据库连接可以在当前站点的所有 PHP 页面中使用。

图 10-14　连接成功提示框　　　　　　图 10-15　"数据库"面板中的数据库

（5）数据库连接创建成功后，打开 Dreamweaver 的"文件"面板，将在站点根目录下

193

查看到一个名为 Connections 的文件夹,并在该文件夹内生成了一个与新建连接同名的 PHP 文件,如图 10-16 所示,该 PHP 文件就是数据库连接文件,它首先通过 4 个变量保存数据库连接参数,包括 MySQL 服务器名称、要连接的数据库名称、用户名和密码,然后通过调用 mysql_pconnect()函数建立一个永久连接,其中参数 trigger_error(mysql_error(),E_USER_ERROR)用来生成一个用户级别的错误、警告信息,此参数本身也是一个函数,如图 10-17 所示。

图 10-16　Connections 文件夹

```
constu.php                                                    _ □ ×
1  <?php
2  # FileName="Connection_php_mysql.htm"
3  # Type="MYSQL"
4  # HTTP="true"
5  $hostname_constu = "localhost";
6  $database_constu = "student";
7  $username_constu = "root";
8  $password_constu = "ld1224";
9  $constu = mysql_pconnect($hostname_constu, $username_constu,
   $password_constu) or trigger_error(mysql_error(),E_USER_ERROR);
10 ?>
                                                           1 K / 1 秒
```

图 10-17　用于数据库连接的 PHP 程序

为了避免访问 MySQL 数据库时出现乱码现象,可以在上述新建的数据库连接文件的 PHP 程序代码末尾添加如下语句,其功能是将数据库的字符集设为简体中文:

mysql_query（"SET NAMES gb2312"）;

另外,还应将 PHP 网页的字符集也设为简体中文,方法是通过设置位于文件首部的 <meta>标记来实现,其修改后的代码如下:

<meta http-equiv="Content-Type" content="text/html; charset=gb2312" />

如果要把新建的网页的字符集自动设置为 gb2312,则要在 Dreamweaver 的首选参数中对默认编码进行设置,步骤为:选择"编辑"→"首选参数"命令,弹出"首选参数"对话框,从"分类"列表中选择"新建文档",然后从"默认编码"下拉列表框中选择"简体中文（GB2312）"选项,如图 10-18 所示。

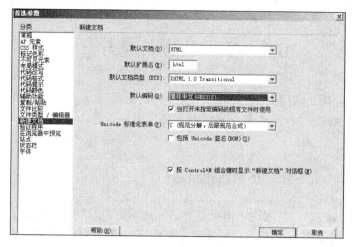

图 10-18　"首选参数"对话框

10.2.3　数据库连接的管理与应用

在 Dreamweaver 中创建数据库连接后，如果要在 PHP 页中引用已创建的数据库连接标识符和其他连接参数，可以在"数据库"面板上右击该连接并从弹出的快捷菜单中选择"插入代码"命令，如图 10-19 所示，命令执行完毕后将在网页文件中生成 PHP 代码：

```php
<?php require_once('Connections/constu.php'); ?>
```

图 10-19　向网页中插入数据库连接标识符

利用"数据库"面板可以对数据库连接进行管理，主要包括以下操作。

❑　编辑连接：右击一个连接名称并从弹出的快捷菜单中选择"编辑连接"命令，然后在连接对话框中修改除连接名称以外的其他任何参数。

❑　重制连接：右击一个连接并从弹出的快捷菜单中选择"重制连接"命令，然后在连接对话框中修改任何连接参数，包括连接名称。

❑　删除连接：右击一个连接并从弹出的快捷菜单中选择"删除连接"命令，即可删除该数据库连接，或者选中连接名称后再单击"数据库"面板上的 ━ 按钮也可删除连接。

❑　测试连接：右击一个连接并从弹出的快捷菜单中选择"测试连接"命令。如果连接成功，则会看到"成功创建连接脚本"的信息，否则将提示连接失败信息。

10.3 数据集的创建与应用

在第 7 章，介绍了运用 MySql_query()、MySql_fetch_array()、MySql_num_rows()等函数来实现在网页中输出 MySQL 数据库的数据集合即记录集，在 Dreamweaver 中同样可以容易地实现该功能。

10.3.1 利用 Dreamweaver 创建记录集

在 Dreamweaver 中，使用简单记录集对话框或高级记录集对话框来定义记录集，而不需要编写任何 PHP 代码。在简单记录集对话框中不需编辑 SQL 语句，在高级记录集对话框中可以通过编写 SQL 语句来创建比较个性化、复杂的记录集。

1．创建简单的记录集

如果用户进行简单的查询操作，可以使用 Dreamweaver 所提供的简单记录集定义对话框来定义记录集，其步骤如下：

（1）在"绑定"面板中单击![按钮，如图 10-20 所示，选择"记录集（查询）"命令后即可对记录集进行相关设置。

（2）打开"记录集"对话框，在"名称"文本框中输入用户定义的记录集名称，在"连接"下拉列表框中选择数据库连接名称如 constu，在"表格"下拉列表框中选择数据库连接名称所对应的数据库中的数据表，这里选择的是 stu_person。在"列"选项组中选中"全部"单选按钮，如果有筛选和排序要求，还可以在"筛选"及"排序"两项中进行设置，如图 10-21 所示。

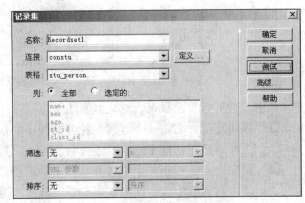

图 10-20 选择"记录集（查询）"命令　　　　　　图 10-21 设置记录集内容

（3）为了确认其设置的正确性，单击"测试"按钮即可，如图 10-22 所示是测试成功后返回的记录集数据，然后单击"确定"按钮，完成记录集的设置，完成后，在"绑定"面板的列表框中显示建立的记录集列表，如图 10-23 所示。

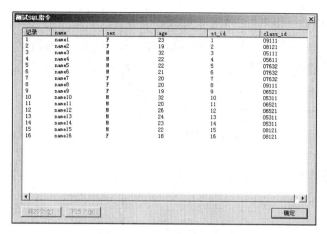

图 10-22　记录集测试窗口

图 10-23　"绑定"面板中的记录集

至此，简单记录集创建完毕，但此时用户看不到直观的详细记录集内容。下面介绍在 Dreamweaver 中如何实现将简单记录集显示到网页上，其步骤如下：

（1）在站点中新建一个 PHP 网页，用于显示记录集。

（2）由于新建的数据库连接在整个站点的所有网页都有效，因此，在新建的网页中仍然可用此连接，此时可直接利用简单记录集创建对话框定义一个记录集，方法如 10.3.1 小节中的"创建简单的记录集"部分所述。

（3）选择"插入"→"数据"→"动态数据"→"动态表格"命令，打开"动态表格"对话框，然后对以下选项进行设置，如图 10-24 所示。

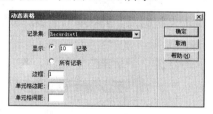

图 10-24　"动态表格"对话框

① 从"记录集"下拉列表框中选择之前所定义好的记录集。

② 显示记录集的方式，可从"显示"单选按钮组中设置，主要有两种：若要分页显示记录集，可选中第一个单选按钮并在文本框中设置每页显示的记录数目；如果在一个页面上显示所有记录，则应选中"所有记录"单选按钮。

③ 根据实际需要，对动态表格的边框、单元格边距和单元格间距进行设置。

完成以上设置后，单击"确定"按钮，此时，一个动态表格就插入到当前网页文档中，如图 10-25 所示。

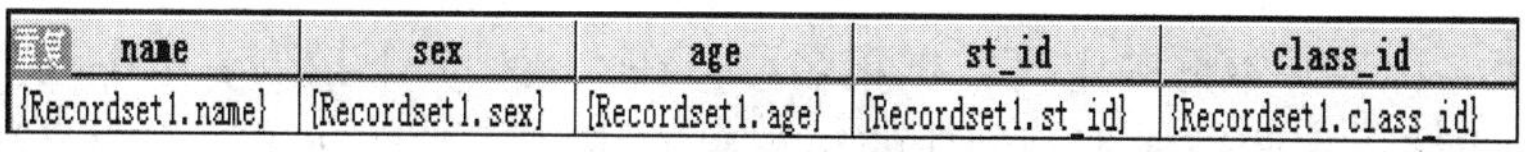

name	sex	age	st_id	class_id
{Recordset1.name}	{Recordset1.sex}	{Recordset1.age}	{Recordset1.st_id}	{Recordset1.class_id}

图 10-25　插入到网页文档中的动态表

（4）利用 Dreamweaver 表格设计工具对表格属性进行设置，以美化网页外观。

（5）上述过程基本上无须用户编写 PHP 代码，所有代码都由系统自动生成，用户可切换到代码视图来查看生成的 PHP 代码，然后在浏览器中查看网页运行效果，如图 10-26 所示。

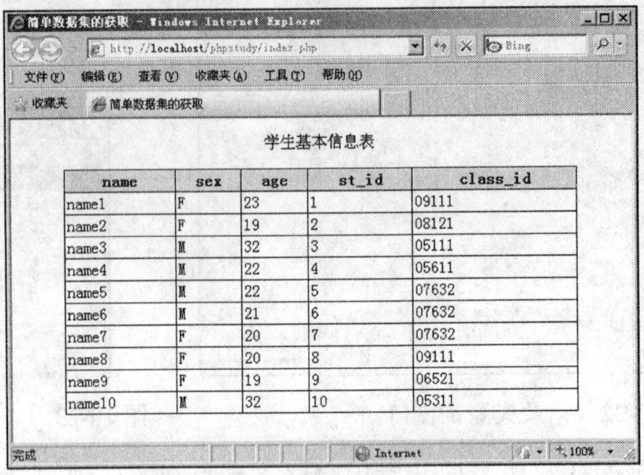

name	sex	age	st_id	class_id
name1	F	23	1	09111
name2	F	19	2	08121
name3	M	32	3	05111
name4	M	22	4	05611
name5	M	22	5	07632
name6	M	21	6	07632
name7	F	20	7	07632
name8	F	20	8	09111
name9	F	19	9	06521
name10	M	32	10	05311

图 10-26　简单记录集在网页中的运行效果

2．创建高级记录集

简单记录集只能从一个表中检索数据，而且在筛选条件和排序准则中都只能包含一个字段，如果要实现多表查询、创建功能更为强大的记录集，则应当使用高级记录集对话框来完成，使用高级记录集对话框创建数据集时，可以手动编写 SQL 语句，也可以使用可视化的"数据库项"树工具来协助创建 SQL 语句，两种方式都能创建功能更强、比较复杂的数据库查询。创建高级记录集的步骤如下：

（1）在"绑定"面板中单击 按钮后，弹出如图 10-27 所示的"记录集"对话框，单击"高级"按钮。

（2）弹出如图 10-28 所示的高级"记录集"对话框，在此进行相关设置。

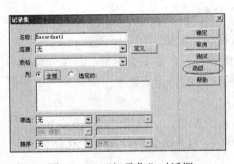

图 10-27　"记录集"对话框

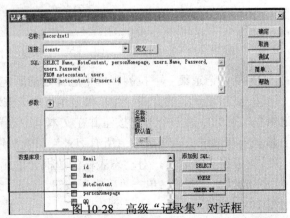

图 10-28　高级"记录集"对话框

（3）在"名称"文本框中定义数据集名称，在"连接"下拉列表框中选择用于定义记录集的数据库连接，在此选择刚刚创建的字符串连接 constu，如果还未定义数据库连接，可单击右侧的"定义"按钮进行定义。

（4）根据实际需要，在 SQL 文本框中输入所需的 SQL 查询语句。在此文本框中输入

198

以下语句以在两个数据表中实现相关信息的查询：

SELECT Name, NoteContent, personHomepage, users.Name, Password, users. Password FROM notecontent, users　WHERE notecontent.id=users.id

（5）单击"测试"按钮，测试所定义的 SQL 语句是否正确。

（6）在高级"记录集"对话框的下方有"数据库项"列表框，其中以树状结构显示所选择的数控连接中的数据表、视图及存储过程；在右侧有 3 个按钮，即 SELECT、WHERE 和 ORDER BY，分别对应简单记录集定义中的字段选择、记录过滤和记录排序功能。使用方法是：先选中某一字段，然后再单击其中的一个按钮。

（7）如果要在 SQL 语句中使用变量参数，可以在"参数"列表框中对查询变量进行定义：单击 按钮，随即弹出如图 10-29 所示的对话框。

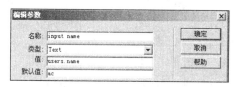

图 10-29　"编辑参数"对话框

其中，在"名称"文本框中定义变量的名称，在"类型"下拉列表框中选择变量的数据类型，在"值"文本框中指定查询变量的值，通常是 URL 参数或表单变量，这些参数通过$_POST 或$_GET 数组求出，如$_POST["username"]。在"默认值"文本框中定义默认条件下的默认变量值，设置完毕后，单击"确定"按钮即可，并返回到记录集定义主窗口，然后将刚刚定义的变量根据需要添加到先前输入的 SQL 语句的合适位置处。

（8）单击数据集定义窗口中的"测试"按钮，测试其 SQL 语句的正确性。测试通过后，单击"确定"按钮，将该记录集添加到"绑定"面板的可用内容资源列表中。

（9）将数据集输出到页面中，其方法与简单记录集在网页中输出的处理方式相同，这里不再赘述。

10.3.2　分页显示查询结果

Dreamweaver 提供了一些服务器行为，用于快速实现各种标准的数据库操作。要实现记录集分页显示，主要用到以下几种服务器行为。

❑　使用"重复区域"服务器行为或"动态表格"服务器行为创建一个动态表格，用于显示记录集内的多条记录。

❑　使用"记录集导航条"服务器行为创建文本或图像形式的导航链接，以便在不同记录组之间切换。

❑　使用"记录集导航状态"服务器行为创建记录集计数器，以显示总记录数目和当前页显示的记录号范围。

下面具体叙述在 Dreamweaver 中如何实现数据分页，其步骤如下：

（1）打开 PHP 站点，并在站点文件夹内新建一个 PHP 动态网页。

（2）利用简单"记录集"对话框创建一个记录集，如图 10-30 所示，在这里将记录集命名为 studentrs，从表 stu_person 中检索数据，并选中"列"栏中的"全部"单选按钮，以显示所有数据列。

（3）在此页面中添加一个动态表格，用于显示记录集内容，如图 10-31 所示，在该对话框中设置每页显示 5 条记录，单击"确定"按钮即可在网页中成功添加动态表格，并利用表格工具对动态表格的属性进行设置。

图 10-30　简单"记录集"对话框　　　　图 10-31　"动态表格"对话框

（4）把网页中的插入点移动到动态表格的左边，选择"插入"→"数据"→"显示记录计算"→"记录集导航状态"命令，然后在"记录集导航状态"对话框中选择记录集 studentrs，并单击"确定"按钮，如图 10-32 所示。

（5）把网页中的插入点移动到动态表格的右边，选择"插入"→"数据"→"记录集导航条"命令，然后在"记录集导航条"对话框中选择记录集 studentrs，并单击"确定"按钮，如图 10-33 所示，其中，在"显示方式"栏中有两个选项：文本和图像，在这里选中第一项。

图 10-32　"记录集导航状态"对话框　　　图 10-33　"记录集导航条"对话框

（6）以上步骤完成后，动态网页页面将变成如图 10-34 所示的外观，在其上部将显示每页列出记录的起止记录号以及总的记录数，下面是导航条按钮，用户可以通过单击它浏览各页。

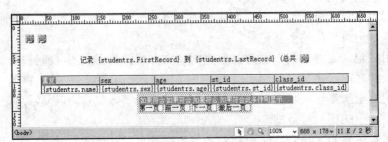

图 10-34　动态表格

用户设计完成后，可以将网页设计视图切换到代码视图，阅读自动生成的 PHP 代码，然后在浏览器中对导航条进行测试，其运行效果如图 10-35 所示。

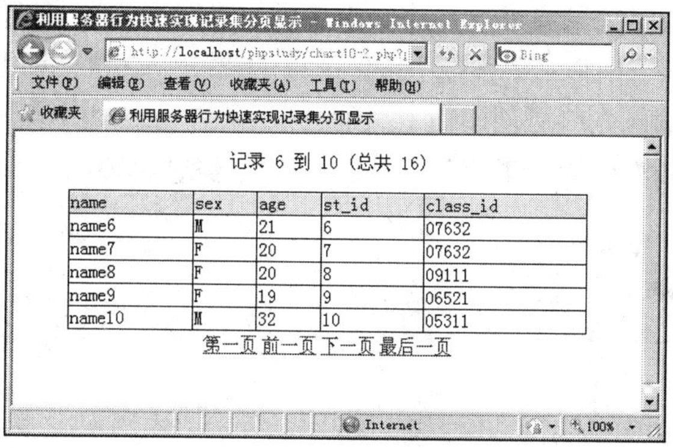

图 10-35　分页显示数据记录的网页运行效果

10.3.3　搜索/结果页的创建

为了给动态网站添加搜索功能，通常需要创建一个搜索页和结果页，在搜索页中，访问者通过 HTML 表单输入搜索参数并将参数传递给服务器上的结果页，由结果页获取搜索参数，连接到数据库并根据数据库进行查询，创建记录集并显示其内容。

在 Dreamweaver 中创建显示搜索结果的 PHP 动态网页时，需要获取搜索参数的值并根据其值来构建。

- ❑　若只传递了一个搜索参数，则可以用简单"记录集"对话框来创建带有筛选条件的记录集。
- ❑　若传递了两个或更多搜索参数，则必须使用高级"记录集"对话框来创建记录集，而且还需要设置一些变量，变量的数目与搜索参数的数目相等。

下面举一个实例来介绍搜索/结果页的创建步骤，本实例要求按班级名称查询学生记录，当从下拉列表框中选择一个班级名称并单击"查找"按钮后，系统将以表格形式列出该班级的学生信息，其步骤如下：

（1）在 Dreamweaver 中打开 PHP 站点，新建一个网页，在该页中插入一个表单，method 属性设置为 post，然后在表单中插入一个列表框并命名为 class_id，在列表框后插入一个提交按钮，如图 10-36 所示。

图 10-36　网页中的表单及其表单元素

（2）在 Dreamweaver 中打开 PHP 站点，新建一个网页，仍然将前面创建好的数据库连接 constu 加入到本网页中，并在该网页中设置一个简单记录集，该记录集从班级列表中提取全部信息，如图 10-37 所示。

201

（3）再创建一个简单记录集，从学生列表中检索学号 st_id、姓名 name、性别 sex、年龄 age 等信息，并为该记录集设置一个筛选条件，把班级编号 class_id 字段的值与从列表框中选择的值进行比较，所以在"筛选"条件选项的第二个下拉菜单中应选择"表单变量"，在右边的文本框中应输入先前所创建的下拉列表框名称"class_id"，其情形如图 10-38 所示。

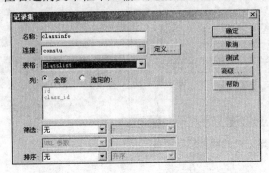

图 10-37　创建班级下拉列表数据源的记录集　　　图 10-38　创建有筛选条件的记录集

（4）将前面创建的列表框 class_id 绑定到班级列表记录集上，方法是在页面设计视图窗口中选择列表框，在属性检查器上单击"动态"按钮，打开"动态列表/菜单"对话框；然后在"来自记录集的选项"列表框中选择刚刚所创建的班级列表记录集，从"值"和"标签"列表框中选择 class_id 列，在"选取值等于"文本框中输入 PHP 代码块：<?php $_post['class_id'] ?>，如图 10-39 所示。

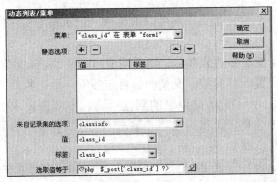

图 10-39　绑定下拉列表框

（5）在表单下方插入一个动态表格，用于显示从列表框中所选班级的学生记录信息，如图 10-40 所示。

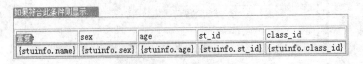

图 10-40　添加动态表格

（6）在页面设计视图窗口中选择动态表格，选择"插入"→"数据"选项卡中的"显示区域"命令按钮，单击旁边的向下三角按钮，在弹出的下拉菜单中选择"如果记录集不为空则显示"命令，并在随后弹出如图 10-41 所示的对话框，在该对话框中选择学生列表所在的记录集。

图 10-41　设置显示区域

（7）至此页面设计完成，按 F12 键可浏览程序执行的页面效果，如图 10-42 所示。

图 10-42　浏览搜索/结果页运行效果

10.3.4　主/详细记录页的创建

主/详细记录页是一种比较常用的页面组合，它由主页和详细页所组成，通过两个层次来显示从数据库中检索的信息。主/详细记录页组合形式的创建思想是：在主页上显示出通过查询返回的所有记录部分信息的列表，而且每条记录都包含一个超链接，当单击主记录页上的超链接时打开详细页，并传递一个或多个 URL 参数，在详细页中读取 URL 参数并根据这些参数的值执行数据库查询，以检索关于选定记录的更多详细信息并显示出来。

在 Dreamweaver 中，可以通过添加相关的服务器行为来快速生成主/详细记录页，主要包括以下步骤：

（1）创建主记录页，并创建与详细页的链接：在 Dreamweaver 中打开 PHP 站点，新建一个网页，为了和后面的详细记录页区分，可将此页命名为 main.php，并将网页标题设置为"学生基本情况"；然后以学生数据表为数据源，利用简单记录集对话框在该网页中创建一个记录集，并以动态表格的形式来显示该记录集。

（2）在动态表格上方插入一个记录集导航按钮组，其方法在前面已做过介绍，设置的相关情形如图 10-43 所示。

图 10-43　"记录集导航条"对话框

（3）在动态表格右侧增加一列，其方法是将光标定位到该动态表格的最右侧，然后用

203

鼠标右键单击最右侧的单元格，在弹出的快捷菜单中选择"表格"→"插入列"命令，然后在其第一行和第二行分别插入"操作"和"浏览成绩"，如图 10-44 所示。选中"浏览成绩"，并在属性检查器的"链接"框中输入以下 URL 并附加一个参数：detail.php?stid=<?php echo $row_stuinfo['stid']; ?>，该 URL 的功能就是从主页链接到详细页，其中 detail.php 是即将创建的详细页文件名，单击"浏览成绩"链接时会通过 stid 参数将学生的学号传递到详细页中。

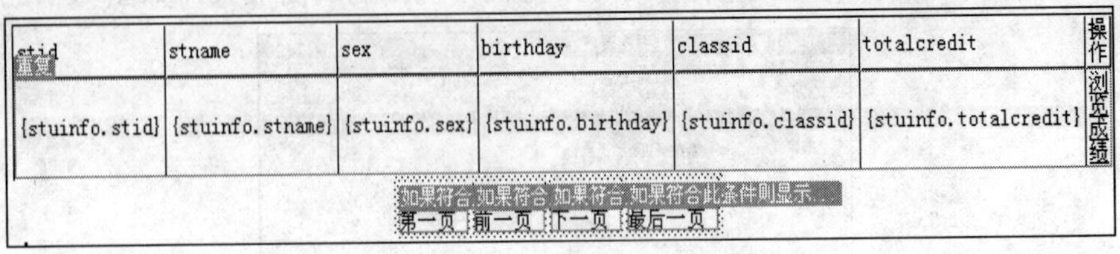

stid	stname	sex	birthday	classid	totalcredit	操作 浏览成绩
{stuinfo.stid}	{stuinfo.stname}	{stuinfo.sex}	{stuinfo.birthday}	{stuinfo.classid}	{stuinfo.totalcredit}	

如果符合,如果符合,如果符合,如果符合此条件则显示...
第一页 前一页 下一页 最后一页

图 10-44　插入浏览记录的超链接列

（4）创建详细页，在 PHP 站点中新建一个网页，并命名为 detail.php，然后将文档标题设置为"该学生详细信息"并根据获取的参数查找请求的记录，然后利用高级"记录集"对话框创建一个记录集以便从学生表（student）、课程表（coursetb）和成绩表（scores）中检索选定学生的成绩数据，使用的 SQL 语句如下：

SELECT coursetb.coursename, coursetb.term, scores.score, student.stname FROM coursetb, scores, student WHERE coursetb.courseid=scores.courseid　AND student.stid=stuid

其中在 WHERE 子句部分包含了一个名为 stuid 的变量，该变量是通过高级"记录集"对话框的"变量"区域来定义的，该变量的类型为 Text，默认值为 081101，运行值为 $_GET['stid']，如图 10-45 所示。

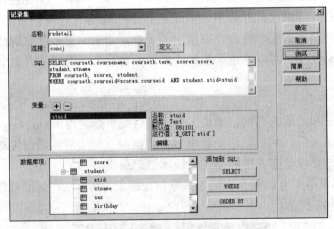

图 10-45　高级"记录集"对话框

（5）在详细页中插入一个动态表格，用于显示主页中动态连接的详细记录数据，然后在该动态表格前添加：<p align="center">该学生成绩为</p>。
（6）保存所有文件，然后在浏览器中运行主页，其效果如图 10-46 所示，单击"浏览成绩"超链接，弹出如图 10-47 所示的在详细页上检索到的记录。

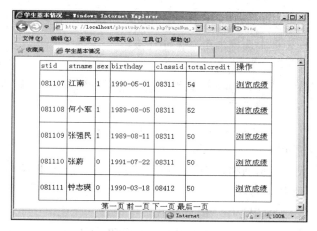

图 10-46　主记录页

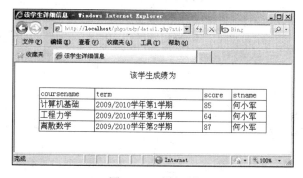

图 10-47　详细页

10.4　记录的添加、删除与更新

利用 Dreamweaver 提供的表单设计工具和服务器行为面板可以方便地实现数据库记录的添加、删除及数据更新等数据库操作功能。

10.4.1　数据记录的添加

在 Dreamweaver 中可以使用插入记录表单向导和逐块生成记录添加页面两种方法实现数据的添加功能。

1. 使用向导实现数据记录的添加

使用插入记录表单向导可以通过单个操作创建记录添加页面的基本模块，可自动把 HTML 表单和"插入记录"服务器行为同时添加到页面中，操作步骤如下：

（1）在 PHP 站点中新建一个网页。

（2）选择"插入"→"数据"→"插入记录"→"插入记录表单向导"命令，如图 10-48 所示。

（3）弹出如图 10-49 所示的"插入记录表单"对话框，设置以下各项：

① 在"连接"列表框中选择一个数据库连接。

② 在"表格"列表框中选择要向其插入记录的数据库表。

③ 在"插入后，转到"文本框中输入将记录成功插入到数据库表后要跳转到哪个页面，若此项留空，则插入记录后仍打开当前页面。

④ 在"表单字段"列表框中，指定要包括在记录添加表单的表单控件，以及每个表单控件对应的数据库表字段。

⑤ 在"表单字段"编辑窗格中显示了数据库表中各字段在 PHP 页面中显示的数据类型以及标签名称等，可以通过单击 ➕ 按钮和 ➖ 按钮来增加和删除要在页面中显示的字段数据，也可单击 ▲ ▼ 按钮来调整 HTML 表单控件顺序。

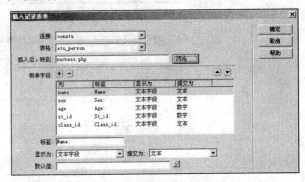

图 10-48　选择"插入记录表单向导"命令　　　　图 10-49　"插入记录表单"对话框

（4）指定每个数据输入域在 HTML 表单上的显示方式，方法是先用鼠标选中"表单字段"窗格中的一行，然后就可以对该行所对应的数据列设置相关选项。

（5）单击"插入记录表单"对话框中的"确定"按钮，此时，Dreamweaver 将表单和"插入记录"服务器行为添加到页面中，如图 10-50 所示。表单被包含在<table></table>表格标记之间，可通过设置表格的相关属性来修改表单的外观布局。如果要对"插入记录"服务器行为进行编辑，可打开"服务器行为"面板，双击该服务器行为即可进行编辑。

（6）按 F12 键浏览程序运行效果，如图 10-51 所示。

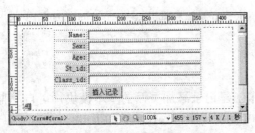

图 10-50　插入记录表单设计视图　　　　　　图 10-51　插入记录表运行效果

2．逐块生成记录添加页面

使用表单工具和"服务器行为"面板也可分步骤创建记录添加页面的基本模块，其中包括两个步骤，首先将表单添加到页面，接收用户输入数据，然后添加"插入记录"服务器行为以便在数据库表中插入记录。

首先在页面中添加表单，其步骤如下：

（1）在 PHP 动态网站站点中新建一个 PHP 动态网页，然后使用 Dreamweaver 设计工具对该页面进行布局。

（2）插入一个表单，然后在该表单内插入一个表格，用于布局要添加的数据表字段信息，同时添加"提交"按钮、"重置"按钮，以及一组单选按钮和班级下拉列表，如图 10-52 所示。

（3）利用简单"记录集"对话框创建一个记录集作为班级下拉列表的数据源，该记录集只包含班级编号字段。然后选中班级下拉列表，通过设置"动态列表/菜单"对话框中的各项内容，将下拉列表框绑定到该记录集上，如图 10-53 所示。

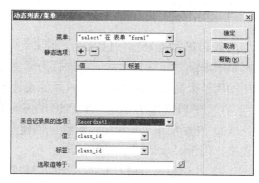

图 10-52　设置插入记录所用的表单集表单元素　　　　图 10-53　绑定"班级"下拉列表

（4）添加"插入记录"的服务器行为，方法是：选择"插入"→"数据"→"插入记录"→"插入记录"命令，弹出"插入记录"对话框，其中在"列"文本框中罗列了数据集中的所有数据字段，逐个选中各数据项，分别设置对应的表单控件，如图 10-54 所示。

图 10-54　编辑插入列内容

（5）切换到代码视图，在表单结束标记</form>后插入如下 PHP 代码：

```php
<?php if(isset($_post["button"])&&$Result1)echo"添加成功！";  ?>
```

其中，Result1 是 Dreamweaver 系统自动生成的数据集名称。

（6）按 F12 键，运行程序，并添加一条记录进行测试，如图 10-55 和图 10-56 所示。

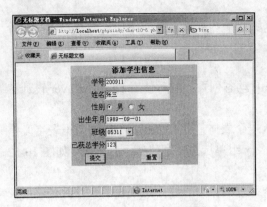

图 10-55　插入数据记录前的页面　　　　　　图 10-56　插入数据记录后的页面

10.4.2　删除数据

通常 PHP 动态网站应包含用于删除数据表数据记录的页面，在 Dreamweaver 中，可以在网页中添加"删除记录"服务器行为来生成记录删除页面。下面通过设计删除学生记录程序的例子来简单介绍删除记录页面的设计方法。

（1）在 PHP 站中创建一个 PHP 动态网页。

（2）利用简单"记录集"对话框创建一个记录集并命名为 studentrs，然后插入一个动态表格，用于显示该记录的内容。

（3）在动态表格最右侧插入一列，并将在其列头处输入"操作"，在第二行输入"删除记录"，选中"删除记录"文本。然后在属性面板的"链接"文本框中输入"chart10-7.php?stid=<?php echo $row_studentrs['stid']; ?>"。

（4）在动态表格上方插入一个记录集导航条，并在导航条右侧增加一列，在其中插入一个记录集导航状态，如图 10-57 所示。

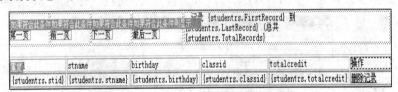

图 10-57　带有记录集导航条的动态表格

（5）在"服务器行为"面板上单击"加号"按钮 ，从弹出的菜单中选择"删除记录"命令，然后在弹出的"删除记录"对话框中设置相关选项，如图 10-58 所示。

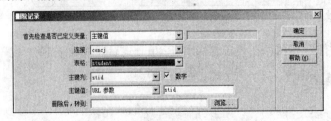

图 10-58　"删除记录"对话框

（6）在浏览器中打开网页，并记录删除功能进行测试，如图 10-59 和图 10-60 所示。

图 10-59　删除记录前的页面

图 10-60　删除记录后的页面

10.4.3　数据记录的更新

在 Dreamweaver 中，可以通过可视化操作快速生成一个记录更新页，不用编写代码或编写少量代码。一个记录更新页包括以下 3 个构造模块：用于从数据库表中检索记录的过滤记录集；允许用户修改记录数据的 HTML 表单；用于更新数据库表的"更新记录"服务器行为。下面利用"更新记录表单向导"来创建更新数据记录页面，其步骤如下：

（1）在 PHP 站中创建一个 PHP 动态网页。

（2）利用简单"记录集"对话框创建一个记录集并命名为 Recordset1，然后添加"更新记录"的服务器行为，方法是：选择"插入"→"数据"→"更新记录"→"更新记录表单向导"命令，弹出"更新记录表单"对话框，在其中设置"连接"和"要更新的表格"等各项，在"唯一键列"下拉列表框中选择数据库表中的主关键字段，然后在"表单字段"列表框中对要更新的数据字段进行增删等编辑操作，如图 10-61 所示。

（3）设置完"更新记录表单"对话框中的各项之后，单击"确定"按钮，在页面中出现一个带若干文本框的表格，然后在该表格上部添加一行，并将该行合并为一个单元格，在合并后的单元格中插入一个"记录集导航条",如图 10-62 所示。

图 10-61 "更新记录表单"对话框　　　　　　图 10-62 更新记录表单

（4）在 IE 浏览器中运行该页面,其效果如图 10-63 所示。在相应文本框中输入新内容,然后再单击"更新记录"按钮,即可将新内容写入到数据表中。

图 10-63 更新记录表单运行效果

10.5 案例剖析:网上留言簿的实现

网上留言簿是常见的互联网应用之一,本实例将借助 Dreamweaver 来实现一个 PHP 动态网页的留言簿。在制作留言板的动态网页之前,需要创建一个数据库,其中包含两个数据表,一个用于保存用户的信息,另一个用于保存留言板上的留言内容。本实例采用 MySQL 创建该数据库。

10.5.1 程序功能介绍

本实例的主要功能包括用户认证及登录、合法用户查看留言信息和合法用户添加留言信息。为此,需要建立一个数据库,本例取名为 webnotedb,在数据库中创建两个表:users 及 notecontent,分别用于保存用户信息和留言内容信息。其结构如表 10-1 和表 10-2 所示。

表 10-1　users 表结构

用 户 号	字 段 类 型	长　　度	说　　明
Id（主键）	tinyint	4	留言顺序号
name	char	12	用户名
Email	char	100	电子邮箱
NoteContent	varchar	255	留言内容
Date	date	8	留言时间

表 10-2　notecontent 表结构

用 户 号	字 段 类 型	长　　度	说　　明
Id（主键）	tinyint	4	留言顺序号
name	char	12	用户名
Email	char	100	电子邮箱
NoteContent	varchar	255	留言内容
Date	date	8	留言时间

网上留言簿的首页是用户登录页面，如图 10-64 所示，当用户输入合法的用户名和密码后，单击"提交"按钮，系统将自动转入如图 10-65 所示的留言浏览页，可以查看到所有的留言。

图 10-64　用户登录窗口

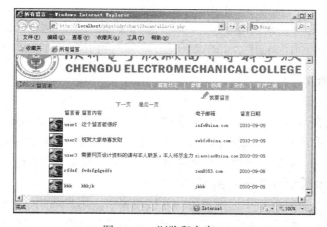

图 10-65　浏览留言窗口

单击如图 10-65 所示的浏览留言页上面的"我要留言"超链接，系统将转入到添加留言页面，输入相应内容后，单击"插入记录"按钮即可添加新的留言，如图 10-66 所示。留言如图添加成功，将弹出如图 10-67 所示的页面。

图 10-66　添加留言窗口

单击图 10-66 所示页面上部的"留言管理"超链接，弹出如图 10-68 所示的修改留言记录的页面。通过向文本框中输入新内容，然后单击"更新记录"按钮即可将更新的内容提交到数据库服务中。

图 10-67　添加留言成功消息框

图 10-68　修改留言页面

10.5.2　程序代码分析

首先为网上留言簿设计一个用户登录程序，该程序可以借助 Dreamweaver 来生成，其步骤为：先在网页中添加一个数据集，用于连接用户表，然后在网页内插入一个表单，之后，选择"插入"→"数据"→"用户身份验证"→"登录用户"命令，如图 10-69 所示。随后弹出如图 10-70 所示的"登录用户"窗口。

在"登录用户"设置窗口中选择使用的连接和表格、用户名列、密码列等选项，然后单击"确定"按钮，系统将自动在网页内生成一个用户登录表单，如图 10-71 所示。

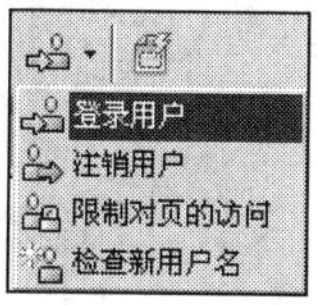

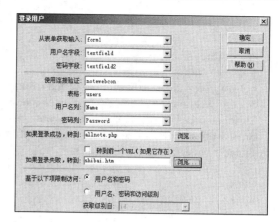

图 10-70　"登录用户"窗口

图 10-69　选择"登录用户"命令

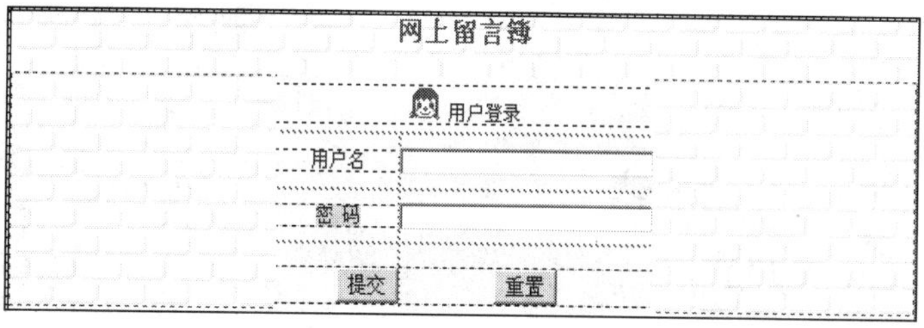

图 10-71　登录用户表单

转到代码视图窗口，将看到如下程序代码。

```php
<?php require_once('../Connections/notewebcon.php'); ?>
<?php
if(!function_exists("GetSQLValueString")){
function GetSQLValueString($theValue, $theType, $theDefinedValue = "", $theNotDefinedValue = "")
{   $theValue = get_magic_quotes_gpc() ? stripslashes($theValue): $theValue;
    $theValue = function_exists("mysql_real_escape_string")? mysql_real_escape_string($theValue):
mysql_escape_string($theValue);
    switch($theType)
    {
        case "text":
            $theValue =($theValue != "")? "" . $theValue . "" : "NULL";
            break;
        case "long":
        case "int":
            $theValue =(theValue != "")? Intval(theValue)"NULL";
            break;
        case "double":
            $theValue =($theValue != "")? "" . doubleval($theValue). "" : "NULL";
            break;
        case "date":
            $theValue =($theValue != "")? "" . $theValue . "" : "NULL";
            break;
        case "defined":
            $theValue =($theValue != "")? $theDefinedValue : $theNotDefinedValue;
```

```
                break;
        }
return $theValue; }
}
mysql_select_db($database_notewebcon, $notewebcon);
$query_webnotecon = "SELECT users.Name, users.Password FROM users";
$webnotecon = mysql_query($query_webnotecon, $notewebcon)or die(mysql_error());
$row_webnotecon = mysql_fetch_assoc($webnotecon);
$totalRows_webnotecon = mysql_num_rows($webnotecon);
?>
<?php
if(!isset($_SESSION))
{
    session_start();
}
$loginFormAction = $_SERVER['PHP_SELF'];
if(isset($_GET['accesscheck']))
{
    $_SESSION['PrevUrl'] = $_GET['accesscheck'];
}
if(isset($_POST['textfield']))
{
    $loginUsername=$_POST['textfield'];
    $password=$_POST['textfield1'];
    $MM_fldUserAuthorization = "";
    $MM_redirectLoginSuccess = "allnote.php";
    $MM_redirectLoginFailed = "shibai.htm";
    $MM_redirecttoReferrer = false;
    mysql_select_db($database_notewebcon, $notewebcon);
    $LoginRS__query=sprintf("SELECT Name, Password FROM users WHERE Name=%s AND
Password=%s",
     GetSQLValueString($loginUsername, "text"), GetSQLValueString($password, "text"));
    $LoginRS = mysql_query($LoginRS__query, $notewebcon)or die(mysql_error());
    $loginFoundUser = mysql_num_rows($LoginRS);
    If($loginFoundUser)
    {
        $loginStrGroup = "";
        $_SESSION['MM_Username'] = $loginUsername;
        $_SESSION['MM_UserGroup'] = $loginStrGroup;
        If(isset($_SESSION['PrevUrl'])&& false)
        {
            $MM_redirectLoginSuccess = $_SESSION['PrevUrl'];
        }
        header("Location: " . $MM_redirectLoginSuccess);
    }
    else
    {
        header("Location: ". $MM_redirectLoginFailed);
    }
```

```
}
?>
<html >
<title>用户登录页面</title>
<body>
<center><h2><strong>网上留言簿</strong></h2></center>
<form id="form1" name="form1" method="POST" action="<?php echo $loginFormAction; ?>">
    <table  width="251"  border="0"  align="center"  cellpadding="0"  cellspacing="0"  bgcolor=
"#FF99FF">
        <tr> <td height="34" colspan="2"><div align="center">
            <label>
            <input type="image" name="imageField" id="imageField" src="images/8.gif" />
            </label>
            用户登录</div></td> </tr>
        <tr>
            <td width="83" height="34"><div align="center">用户名</div></td>
            <td width="168"><label>
            <input type="text"   name="textfield" id="textfield" />
        </label></td>
        </tr>
        <tr> <td height="32"><div align="center">密 码</div></td>
            <td><input   name="textfield1" type="password" id="textfield1" /></td></tr>
        <tr><td height="40"><label>
            <div align="right">
            <input type="submit" name="button" id="button" value="提交" />
            </div>
        </label></td>
        <td><label>
            <div align="center">
                <input type="reset" name="button2" id="button2" value="重置" />
            </div>
        </label></td> </tr>
    </table>
</form>
</body>
</html>
<?php
mysql_free_result($webnotecon);
?>
```

接下来就是设计添加留言记录、更新留言记录以及查看留言记录等程序，这些程序的设计方法和步骤与本章所讲的记录的添加、更新和查看的设计方法类似，这里不再赘述。

10.6　本 章 小 结

本章着重介绍了如何在 Dreamweaver CS4 中设计 PHP 动态网页，借助 Dreamweaver 中的一系列可视化工具可以设计向数据库添加记录、插入数据、删除数据、更新数据等一系列数据库操作。

10.7　练　习　题

1．在 Dreamweaver 中创建数据库链接时将生成一个什么样的 PHP 文件？它包含哪些内容？存放在何处？

2．为了避免访问 MySQL 数据库时出现乱码现象，应该在数据库连接文件中添加什么 PHP 代码？

3．简述简单记录集和高级记录集各自的特点。

4．在 Dreamweaver 中创建分页显示记录的页面，主要包括哪些步骤？

10.8　上机实战

1．在 MySQL 中建立一个数据库 Student，其中包含学生学籍状态表 stu_state 和学生成绩表 st_scores，其结构如表 10-3 和表 10-4 所示。

表 10-3　学 s 籍状态表（stu_state）结构

字　段　名	数据类型	字段说明	键 引 用
stid	varchar	学生编号	主键
stidname	varchar	姓名	
Class_id	varchar	班级	
State	bit	是否在校	

表 10-4　学生成绩表（st_scores）结构

字　段　名	数据类型	字 段 说 明	键 引 用
stid	varchar	学生编号	
term	varchar	学期	
coursename	varchar	课程名称	
score	int	成绩	

2．在网页中建立一个表单，输入学生成绩数据，并将输入的学生成绩数据存入学生成绩表 st_scores 中。

3．编写一个 PHP 程序，查询学生学籍状态表 stu_state 中的记录，如果记录大于 30，则分页显示。

第 11 章 PHP 程序开发综合实例——网络留言板

知识点：

- ☑ PHP 中类与对象的应用
- ☑ 项目的需求分析
- ☑ 项目的流程设计
- ☑ 在 PHP 程序中的数据库操作
- ☑ MySQL 数据库管理系统的应用

本章导读：

本章通过网络留言板系统实例的分析，详细介绍了 MySQL 数据库和基于 PHP 与 Apache 相结合的 Web 应用程序开发。PHP 语言是开发跨操作系统平台运行的 Web 项目的首选语言，也是目前 B/S 模式下开发应用程序使用最广泛的开发工具之一。希望读者通过了解网络留言板的开发过程，进一步熟悉和升华 PHP 基础知识，同时进一步了解 MySQL 数据库系统的应用。

11.1 系 统 概 述

网络留言板又称为留言簿或留言本，是目前网站中使用较广泛的一种用户沟通、交流的平台。通过留言板，可收集来自不同用户的意见或需求信息，并可做出相应的回复，从而实现不同群体及不同客户之间的交流与沟通。

11.1.1 需求分析

基于网络留言板的主要用途，在设计该系统时应主要包括以下功能：

- ❑ 用户注册。
- ❑ 用户登录。
- ❑ 添加留言。
- ❑ 浏览留言内容。
- ❑ 回复留言。
- ❑ 删除留言。
- ❑ 设置网上问卷调查题目。
- ❑ 进行网上问卷调查与统计。

当然，以上功能只是网络留言板最基本的功能，开发者还可以根据需要进一步添加其他功能。读者不妨思考一下，看看还能进行哪些创新性的设计。

11.1.2　流程设计

网络留言板系统的用户分为两类：一类是没有注册的用户，即留言板网站的一个过客，这类用户只能添加新的留言内容、浏览留言内容、回答问卷调查题目以及注册网站，成为正式的注册用户；另一类用户是已经正式注册的，这类用户通过身份验证后，除可以操作除第一类用户的所有功能之外，还享有回复留言、删除留言、设置问卷调查题目及题目选项、查看及统计调查结果等功能。如图 11-1 所示完整地描述了整个系统的工作流程。

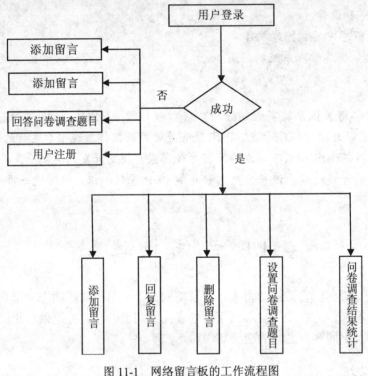

图 11-1　网络留言板的工作流程图

11.2　数据库设计

数据库是 Web 信息系统中所有数据的存储位置，也是为网页提供动态数据的数据源。所以，数据库在动态网站设计与运行中占有非常重要的地位。下面介绍网络留言板所涉及的数据库设计。

11.2.1　需求分析及逻辑结构设计

本项目使用 MySQL 数据库作为整个系统的后台数据库，数据库取名为 web_luntan_db，其中包含了 4 个表：用于存储用户信息的 Users 表，用于存储留言内容的 Content 表，用于记录参与问卷调查的计算机 IP 地址的 voteip 表，用于存储问卷调查内容的 voteitem 表。表 11-1～表 11-4 分别是这 4 个表的逻辑结构。

表 11-1   用户表（Users）结构

字 段 名 称	数 据 类 型	数 据 长 度	是否允许为空	描 述	备 注
UserID	varchar	10	否	用户号	主键
UserPwd	varchar	10	否	用户密码	
UserName	varchar	10	否	用户名	
registerTime	date	8		注册时间	

表 11-2   留言记录表（Content）结构

字 段 名 称	数 据 类 型	数 据 长 度	是否允许为空	描 述	备 注
ContId	int	11	否	留言序号	主键
Title	varchar	200	否	留言题目	
Words	varchar	1000	否	留言内容	
UserName	varchar	10	否	留言者姓名	
Email	varchar	50	是	留言者邮箱	
HomePage	varchar	50	是	留言者主页	
CreateTime	varchar	8	是	留言时间	
ParentTitleID	int	11	是	回复留言序号	

表 11-3   投票 IP 地址表（voteip）结构

字 段 名 称	数 据 类 型	数 据 长 度	是否允许为空	描 述	备 注
IPAdress	varchar	50	否	IP 地址	主键
Count	int	4	是	投票次数	

表 11-4   投票选项表（voteitem）结构

字 段 名 称	数 据 类 型	数 据 长 度	是否允许为空	描 述	备 注
ID	int	11	否	序号	主键
Item	vchar	50	否	选项内容	
VoteCount	int	11	否	票数	

11.2.2   数据库及数据表的建立

首先是创建数据库 web_luntan_db，可以借助于 phpMyAdmin 和 Navicat MySQL 工具创建，也可以通过 MySQL 客户端工具 MySQL Command Line Client 登录数据库服务器，在命令行输入下列语句然后按 Enter 键创建。

```
CREATE DATABASE IF NOT EXISTS web_luntan_db
COLLATE 'gb2312_chinese_ci';
```

接下来，按同样的方法，参照前面对各数据表逻辑结构的定义，完成各数据表的物理实现。其对应的 SQL 语句分别如下。

❏ 用户表（Users）的 SQL 实现语句

```
CREATE TABLE Users (
  userID varchar(10) NOT NULL,
  UserPwd varchar(10) default NULL,
  UserName varchar(10) default NULL,
  registerTime date default NULL,
  PRIMARY KEY   (userID)
) ENGINE=InnoDB DEFAULT CHARSET=gb2312;
```

❏ 留言记录表（Content）的 SQL 实现语句

```
CREATE TABLE Content (
  ContId int(11) NOT NULL auto_increment,
  Title varchar(200) NOT NULL,
  Words varchar(1000) NOT NULL,
  UserName varchar(50) NOT NULL,
  Headface varchar(50) default NULL,
  Emai varchar(50) default NULL,
  Homepage varchar(50) default NULL,
  CreateTime datetime default NULL,
  ParentTitleID int(11) default NULL,
  PRIMARY KEY   (ContId)
) ENGINE=InnoDB DEFAULT CHARSET=gb2312;
```

❏ 参与投票的计算机 IP 地址表（voteip）的 SQL 实现语句

```
CREATE TABLE voteip (
  IPAdress varchar(50) NOT NULL,
  Count int(4) default NULL
) ENGINE=InnoDB DEFAULT CHARSET=gb2312;
```

❏ 投票选项表（SelectItem）的 SQL 实现语句

```
CREATE TABLE SelectItem (
  ID int(11) NOT NULL auto_increment,
  Item varchar(50) NOT NULL,
  VoteCount int(11) NOT NULL,
  PRIMARY KEY   (ID)
) ENGINE=InnoDB DEFAULT CHARSET=gb2312;
```

上述 4 张数据表中，最后一行语句都是"ENGINE=InnoDB DEFAULT CHARSET=gb2312"。其中，InnoDB 表示所建数据表的类型；CHARSET 用来定义数据表采用的编码类型，在此定义的是 gb2312，即简体中文字符采用的字符编码标准类型。

11.3   系统公用模块设计及代码编写

在进行 PHP 项目开发之前，程序员最好对项目所实现的功能模块进行通盘布局，思考哪些模块具有通用性，然后可以把这些具有通用性的模块组合成一个公用模块，也可以将它们统一定义为一个类来实现。

11.3.1　用户类公用模块代码的设计与实现

由于在数据库 web_luntan_db 中的用户表（Users）在整个系统运行中使用的频率较高，因此可定义一个类 Users，由它来专门负责与用户相关的一些操作。该类的实现代码如下：

```php
<?PHP
class Users
{
    var $linkdb;
    public $userID;                          //用户名
    public $UserPwd;                         //用户密码
    public $UserName;                        //显示名称
    public $regsitertime;
    function __construct()                   //定义构造函数，用于连接数据库
    {
        $this->linkdb = mysqli_connect("localhost", "root", "ld1224", "web_luntan_db");
        mysqli_query($this->linkdb, "SET NAMES gbk");
    }
    function __destruct()                    //定义析构函数，关闭数据库连接
    {
        mysqli_close($this->linkdb);
    }
    function exists($user)                    //判断指定用户是否存在
    {
        $result = $this->linkdb->query("SELECT * FROM users WHERE userID='" . $user . "'");
        if($row = $result->fetch_row())
        {
            $this->userID = $user;
            $this->UserPwd = $row[1];
            $this->UserName = $row[2];
            return true;
        }
        else
            return false;
    }
    function verify($user, $pwd)              //判断指定的用户名和密码是否存在
    {
      $sql = "SELECT * FROM users WHERE userID='" . $user . "' AND UserPwd='" . $pwd . "'";
        $result = $this->linkdb->query($sql);
        if($row = $result->fetch_row())
        {
            $this->userID = $user;
            $this->UserPwd = $pwd;
            $this->UserName = $row[2];
            return true;
```

```php
        }
        else
            return false;
    }
    function insert()                          //插入新用户记录
    {
        $sql = "INSERT INTO users(userID,UserPwd,UserName,registerTime) VALUES('" . $this->userID . "', '" . $this->UserPwd . "', " . $this->UserName . "'," . $this->regsitertime . "')";
        $this->linkdb->query($sql);
    }
    function updateShowName()
    {
        $sql = "UPDATE users SET UserName='" . $this->UserName . "' WHERE userID= '" . $this->userID . "'";
        $this->linkdb->query($sql);
    }
    function updatePassword()
    {
        $sql = "UPDATE users SET UserPwd='" . $this->UserPwd . "' WHERE userID='" . $this->userID . "'";
        $this->linkdb->query($sql);
    }
    function delete()
    {
        $sql = "DELETE FROM users WHERE userID='" . $this->userID . "'";
        $this->linkdb->query($sql);
    }
    function load_users()
    {
        $sql = "SELECT * FROM users";
        $result = $this->linkdb->query($sql);
        Return $result;
    }
}
?>
```

11.3.2　留言内容类公用模块代码的设计与实现

　　同样，由于数据库 web_luntan_db 中的留言记录表（Content）在整个系统运行中使用的频率较高，因此可定义一个类 Content，由它来专门负责与留言内容相关的一些操作。该类的实现代码如下：

```php
<?PHP
class Content
{
    var $linkdb;
    public $ContId;
    public $Title;
```

```php
public $Words;
public $UserName;                    //留言人姓名
public $Headface;                    //头像图标
public $Email;                       //电子邮件
public $Homepage;
public $CreateTime;                  //留言时间
public $ParentTitleID;               //所回复的留言 ID，如果不是回帖，则 UpperId = 0
function __construct()
{
    $this->linkdb = mysqli_connect("localhost", "root", "ld1224","web_luntan_db");
    mysqli_query($this->linkdb, "SET NAMES gbk");
}
function __destruct()
{
    mysqli_close($this->linkdb);
}
function FetchInfo($Id)
{
    $sql = "SELECT * FROM Content WHERE ContId=" . $Id;
    $result = $this->linkdb->query($sql);
    if($row = $result->fetch_row())
    {
        $this->ContId = $Id;
        $this->Title = $row[1];
        $this->Words = $row[2];
        $this->UserName = $row[3];
        $this->Headface = $row[4];
        $this->Email = $row[5];
        $this->Homepage = $row[6];
        $this->CreateTime = $row[7];
        $this->ParentTitleID = (int)$row[8];
    }
}
function tbRowsCount()
{
    $sql = "SELECT COUNT(*) FROM Content";
    $result = $this->linkdb->query($sql);
    if($row = $result->fetch_row())
        Return (int)$row[0];
    else
        Return 0;
}
function insert()
{
    $sql = "INSERT INTO Content (Title, Words, UserName, Headface, Email, Homepage,
CreateTime, ParentTitleID) VALUES('" . $this->Title . "', '" . $this->Words . "', '" .
$this->UserName . "', '" . $this->Headface . "', '" . $this->Email . "', '" . $this->Homepage . "', '" .
$this->CreateTime . "', " . $this->ParentTitleID . ")";
    $this->linkdb->query($sql);
}
```

```php
    function delete($Id)
    {
        $sql = "DELETE FROM Content WHERE ContId=" . $Id . " OR ParentTitleID=" . $Id;
        $this->linkdb->query($sql);
    }
    function load_content_byUpperid($uid)
    {
        $sql = "SELECT * FROM Content WHERE ParentTitleID=" . $uid . " ORDER BY CreateTime DESC";
        $result = $this->linkdb->query($sql);
        Return $result;
    }
    function show_content_groupbyPage ($pageNo, $pageSize)    //分页显示留言内容
    {
        $sql = "SELECT * FROM Content ORDER BY CreateTime DESC LIMIT " . ($pageNo-1) * $pageSize . "," . $pageSize;
        $result = $this->linkdb->query($sql);
        Return $result;
    }
}
?>
```

11.3.3 IP 地址类公用模块代码的设计与实现

该类主要负责对参与投票的计算机 IP 地址进行处理，其实现代码如下：

```php
<?PHP
class VoteIP
{
    var $linkdb;
    public $IPADRESS;
    function __construct()
    {
        this->linkdb = mysqli_connect("localhost", "root", "ld1224", "web_luntan_db");
        mysqli_query($this->linkdb, "SET NAMES gbk");
    }
    function __destruct()
    {
        mysqli_close($this->linkdb);
    }
    function exists($_IPAdress)                //判断指定 IP 是否存在
    {
        result = $this->linkdb->query("SELECT * FROM VoteIP WHERE IPADRESS='" . $_IPAdress . "'");
        if($row = $result->fetch_row())
            return true;
        else
            return false;
    }
```

```php
    function insert()                           //插入新记录
    {
        $sql = "INSERT INTO VoteIP VALUES('" . $this->IPADRESS . "')";
        $this->linkdb->query($sql);
    }
    function deleteAll()                         //删除所有的投票 IP
    {
        $sql = "DELETE FROM VoteIP";
        $this->linkdb->query($sql);
    }
}
?>
```

11.3.4　用户验证公用模块代码的设计与实现

该公用模块主要负责验证用户登录系统的用户号和密码是否正确，其实现代码如下：

```php
<?PHP
include('Baseclass\Users.php');              //包含 Users 类
$user = new Users();
session_start();
if(!isset($_SESSION['Passed']))
{
    $_SESSION['Passed'] = False;
}
if($_SESSION['Passed']==False)
{
    //读取从表单传递过来的用户号和用户密码
    $userID = $_POST['userID'];
    $UserPwd = $_POST['UserPwd'];
    if($userID == "")
        $Errmsg = "请输入用户号和密码";
    else
    {   //验证用户名和密码
        if(!$user->verify($userID, $UserPwd))   {
?>
            <script language="javascript">
                alert("用户名或密码不正确!");
            </script>";
<?PHP
        }
        else   {   //登录成功  ?>
            <script language="javascript">
            alert("登录成功!");
            </script>
<?PHP
            $_SESSION['Passed'] = True;
            $_SESSION['userID'] = $userID;
            $_SESSION['UserName'] = $user->UserName;
```

```
        //$_SESSION['UserName'] = $row[2];
        }
    }
}
if(!$_SESSION['Passed'])  {
?>
    <script language="javascript">
    history.go(-1);
    </script>
<?PHP
}
?>
```

11.3.5 保存用户留言公用模块代码的设计与实现

该公用模块主要负责对用户的留言进行保存，其实现代码如下：

```
<?PHP
include('Baseclass\Content.php');
$objContent = new Content();
//从参数或表单中接收数据到变量中
$objContent->UserName = $_POST["name"];
$objContent->Title = $_POST["Title"];
$objContent->Words = $_POST["Words"];
$objContent->Email = $_POST["email"];
$objContent->Homepage = $_POST["homepage"];
$objContent->Headface = $_POST["logo"];
$objContent->ParentTitleID = $_POST["ParentTitleID"];
if($objContent->ParentTitleID == "")
$objContent->ParentTitleID = 0;
//获取当前时间
$now = getdate();
$objContent->CreateTime = $now['year'] . "-" . $now['mon'] . "-" . $now['mday']. "   " . $now['hours'] .
":" . $now['minutes'] . ":" . $now['seconds'];
$objContent->insert();
echo("<h2>信息已成功保存！</h2>");
?>
```

11.3.6 删除用户留言公用模块代码的设计与实现

该公用模块主要负责对某些用户的留言进行删除，其实现代码如下：

```
<?PHP
include('Yanzhengpw.php');
include('Baseclass\Content.php');
$ContId = (int)$_GET["ContId"];
$objContent = new Content();
$objContent->delete($ContId);
?>
```

11.4　各功能页面的设计及代码编写

在进行系统设计和程序代码编写时，可选择一种自己比较熟悉且好用的 PHP 代码编辑器来进行代码设计。在这里，建议使用 Adobe Dreamweaver CS 系列软件，它为程序员提供了一个比较友好的编程环境。

11.4.1　网站首页的设计与实现

首页是一个网站的总目录，在其页面上链接了所有的信息和功能页面。本网络留言板的首页如图 11-2 所示。

图 11-2　网络留言板首页

下面列出其实现的程序源代码，以供读者学习参考。

```
<script language="JavaScript">
function newwin(url)
{
    var        newwin=window.open(url,"newwin","toolbar=no,location=no,directories=no,status=no,
menubar =no, scrollbars=yes,resizable=yes,width=550,height=460");
    newwin.focus();
    return false;
}
</script>
<style type="text/css">
a:link {   text-decoration: none;   color: #000000}
</style>
<?PHP
```

```php
$userID = $_POST['userID'];
if($userID != "")
include('Yanzhengpw.php');          //包含验证用户密码程序模块 Yanzhengpw.php
include('Baseclass\Content.php');    //包含留言记录程序模块 Content.php
include('Show.php');                 //包含显示留言内容的程序模块 Show.php
$objContent = new Content();         //定义 Content 对象，用于访问表 Content
$pageSize = 5;
$pageNo = (int)$_GET['Page'];
$recordCount = $objContent->TbRowsCount();
if($pageNo < 1)
    $pageNo = 1;
if( $recordCount ){
    if( $recordCount < $pageSize ){
        $pageCount = 1;
    }
    if( $recordCount % $pageSize ){
        $pageCount = (int)($recordCount / $pageSize) + 1;}
    else {
        $pageCount = $recordCount / $pageSize;
    }
}
else{
    $pageCount = 0;     //如果结果集中没有记录，则页数为 0
}

if($pageNo > $pageCount)
    $pageNo = $pageCount;
?>
<html>
<head>
<meta http-equiv="Content-Type" content="text/html; charset=gb2312">
<title>网络留言板</title>
</head>
<body topmargin="0" vlink="#000000" link="#000000">
<div align="center">
    <center>
    <table width="714" border="0" height="218" cellspacing="0" cellpadding="0">
    <tr background="images/guangao.png">
    <td height="18" bordercolorlight="#0000FF" bordercolordark="#00FFFF" bgcolor="#3399FF"
class="main">
<?PHP
if(!$_SESSION['Passed'])   {
?>
    <form method="POST" action="<?PHP $_SERVER['PHP_SELF'] ?>" name="myform">
     <font size="2">用户名：</font><input type="text" name="userID" size="12"> 
  密码: <input type="password" name="UserPwd" size="12"> <input type="submit" value=
"登录" name="B1">
<?PHP
}
else {
```

```
        echo("<b>欢迎管理员光临!</b>");
    }
?>
[ <a target="_blank" href="newRec.php"  onclick="return newwin(this.href)">我要留言</a>][<a
target="_blank"  href="register.php"   onclick="return  newwin(this.href)"> 用 户 注 册 </a>][<a
target="_blank"  href="Vote/AddItem.php"   onclick="return  newwin(this.href)"> 设 置 问 卷 题 目
</a>][<a target="_blank" href="Vote/index.php"  onclick="return newwin(this.href)">问卷调查</a>]
<?PHP
if($_SESSION['Passed'])  {
    echo('[<a href="logout.php">退出登录</a>]');
}
?>
</form>
</tr>
<tr> <td height="161" class="main"> <?PHP ShowList($pageNo, $pageSize); ?> </td></tr>
<tr> <td height="15"> </td></tr>
<tr>
    <td height="13" class="main" background="images/b3.gif"> <?PHP ShowPage($pageCount,
$pageNo); ?></td>
</tr>
<tr> <td height="15"> <p align="center" class="main"></td></tr>
    </table>
</body>
?>
```

用户登录系统成功后，其页面外观和首页类似，但是增加了回复贴子和删除等功能，其页面效果如图 11-3 所示。

图 11-3　登录系统成功后的主页面

其实现代码（show.php 模块）如下：

```
<head>
<script language="JavaScript">
function newwin(url)
{
    var newwin=window.open(url,"newwin","toolbar=no,location=no,
    directories=no,status=no,menubar=no,scrollbars=yes,resizable=yes,width=550,height=460");
    newwin.focus();
    return false;
}
</script>
</head>
<?PHP
function ShowList( $pageNo, $pageSize )  {
?>
<div align="center">
    <center>
    <table  border="1"  width="738"  bordercolor="#3399FF"  cellspacing="0"  cellpadding="0"
height= "46" bordercolorlight="#FFCCFF" bordercolordark="#CCCCFF">
    <?PHP
    $existRecord = False;
    $objContent = new Content();
    $results = $objContent->show_content_groupbyPage($pageNo, $pageSize);
    //使用 while 语句遍历$results 中的留言数据
    while($row = $results->fetch_row())  {
        $existRecord = True;
        ?>  <tr>
        <td width="148" height="16" class="main" align=center>   <br>
        <img  border="0"  src="images/<?PHP echo($row[4]); ?>.gif"  width="100"  height=
"100"><br>
        <?PHP echo($row[3]); ?><br><br>
        <a href="<?PHP echo($row[6]); ?>" target=_blank>
        <img border="0" src="images/homepage.gif" width="16" height="16"></a>
        <a href="mailto:<?PHP echo($row[5]); ?>">
        <img border="0" src="images/email.gif" width="16" height="16"></a><br>
        <?PHP if($_SESSION["userID"] <> "")  {?>
            <a href=newRec.php?ParentTitleID=<?PHP echo($row[0]); ?>
            target=_blank onclick="return newwin(this.href)"><img src="images/reply.gif" /> </a>
            <a href=deleteRec.php?ContId=<?PHP echo($row[0]); ?>
            target=_blank onclick ="return newwin (this.href)"><img  src="images/delete.GIF"
/></a>
            <?PHP } ?>
        </td>
        <td  width="584"  height="16"  class="main"  align="left"  valign="top"><br><b> 标
题:<?PHP echo ($row[1]); ?>     时间: <?PHP echo($row[7]); ?></b><hr><br>
        <?PHP
        echo($row[2]);
        //显示所有回复留言
        $content = new Content();                        //定义 Content 对象
        $sub_results = $content->load_content_byUpperid($row[0]);
        while($subrow = $sub_results->fetch_row())  {
```

```php
            echo("<BR><BR><BR>"); ?>   
            <img border="0" src="images/<?PHP echo($subrow[4]); ?>.gif" width="50" height="50">
            <?PHP echo($subrow[3]); ?>
            <a href="<?PHP echo($subrow[6]); ?>" target=_blank>
            <img border="0" src="images/homepage.gif" width="16" height="16"></a>
            <a href="mailto:<?PHP echo($subrow[5]); ?>">
            <img  border="0"  src="images/email.gif"  width="16"  height="16"></a>  
 
            <b>    标题:<?PHP echo($subrow[1]); ?>     时
间: <?PHP echo($subrow[7]);?></b><hr><br>
                     <?PHP echo($subrow[2]); ?>
            <?PHP
            }
        ?>
        </td>
        </tr>
        <?PHP
        }
        if(!$existRecord) {
        ?>
        <tr>
            <td width="148" height="16" align=center class="main">没有留言数据</td>
        </tr>
        <?PHP
        }
        echo("</table></center></div>");
}
?>
<?PHP
function ShowPage( $pageCount, $pageNo )
{
    echo("<table width=738> <tr> <td align=right class=main>");
    if($pageNo>1)
        echo("<A HREF=index.php?Page=1>第一页</A>  ");
    else
        echo("第一页  ");
    if($pageNo>1)
        echo("<A HREF=index.php?Page=" . ($pageNo-1) . ">上一页</A>  ");
    else
        echo("上一页  ");
    if($pageNo<>$pageCount)
        echo("<A HREF=index.php?Page=" . ($pageNo+1) . ">下一页</A>  ");
    else
        echo("下一页  ");
    if($pageNo <> $pageCount)
        echo("<A HREF=index.php?Page=" . $pageCount . ">最后一页</A>  ");
    else
        echo("最后一页  ");
    echo($pageNo . "/" . $pageCount . "</td></tr></table>");
}
?>
```

11.4.2　用户注册页面的设计与实现

用户注册页面的主要作用是采集各用户的主要信息（如用户真实姓名、性别、职业和联系方式等），以方便网站的维护和管理，同时也方便不同人员之间的联系。本系统的注册页面如图 11-4 所示。

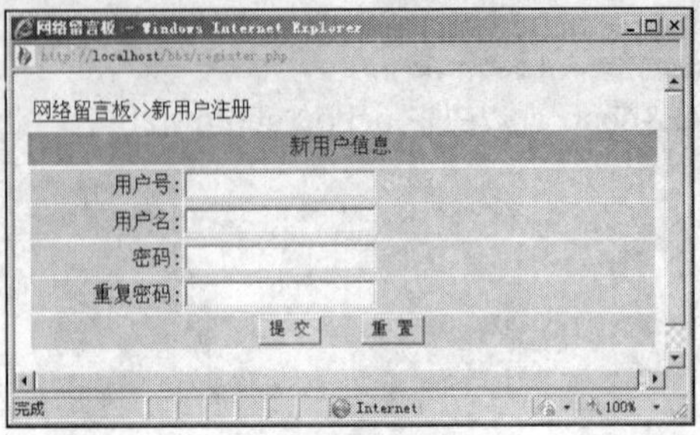

图 11-4　网络留言板的新用户注册页面

下面列出其实现的程序源代码，以供读者学习参考。

```html
<html>
<head><meta http-equiv="Content-Type" content="text/html; charset=gb2312" />
<title>网络留言板</title>
<link href="inc/style.css" rel="stylesheet" type="text/css" />
</head>
<body>
<?php
include('Show.php');
include('Baseclass\Content.php');
include('Baseclass\Users.php');
$bb=new Users;
?>
<table width="98%" border="0" align="center" cellpadding="0" cellspacing="0">
  <tr>
    <td width="73%" height="30"><a href="./">网络留言板</a>>>新用户注册</td>
    <td width="27%" align="right" valign="middle"><a href="new_note.php"></a></td>
  </tr>
</table>
<table width="98%" border="0" align="center" cellpadding="0" cellspacing="1" bgcolor="#FFFFFF">
  <tr>
    <td height="25" align="center" valign="middle" bgcolor="5F8AC5">新用户信息</td>
  </tr>
  <tr>
    <td height="25" align="center" valign="middle">
<?php
$tijiao=$_POST[tijiao];
if ($tijiao=="提  交"){
    $userID=$_POST[userID];
    //$query="select * from users where userID='$userID'";
```

```
        if ($bb->exists($userID)){
            echo "===该用户名已经存在，请设置其他用户名！===";
        }
        else{
            $bb->userID=$userID;
            $bb->UserPwd=$_POST[user_pw1];
            $bb->UserName=$_POST[UserName];
            $bb->regsitertime=date("Y-m-d H:i:s");
            if ($user_pw1!=$user_pw2){
                echo "===您两次输入的密码不匹配，请重新输入！===";
            }
            else
            {
                $bb->insert();
                echo "注册成功！请<a href=index.php/>返回主页后重新</a>登录";
                $register_tag=1;
            }
        }
    }
}
if ($register_tag!=1){
?>
<form name="form1" method="post" action="#">
<table width="500" border="0" cellpadding="0" cellspacing="2">
  <tr>
  <td width="122" height="26" align="right" valign="middle" bgcolor="#CCCCCC">用户号:</td>
        <td width="372" height="26" align="left" valign="middle" bgcolor="#CCCCCC"><input
type="text" name="userID"></td>
</tr>
  <tr>
<td height="26" align="right" valign="middle" bgcolor="#CCCCCC">用户名:</td>
<td height="26" align="left" valign="middle" bgcolor="#CCCCCC"><input type="text" name=
"UserName"></td> </tr>
<tr>
<td height="26" align="right" valign="middle" bgcolor="#CCCCCC">密码:</td><td height="26"
align="left" valign="middle" bgcolor="#CCCCCC"><input type="text" name="user_pw1"></td>
</tr>
<tr>
<td height="26" align="right" valign="middle" bgcolor="#CCCCCC">重复密码:</td>
<td height="26" align="left" valign="middle" bgcolor="#CCCCCC"><input type="text" name=
"user_pw2"></td>
</tr>
<tr>
<td height="26" colspan="2" align="center" valign="middle" bgcolor="#CCCCCC"><input type=
"submit" name="tijiao" value="提 交">    <input type="reset" name="Submit2"
value="重 置"></td>
</tr>
</table></form>
<?php
}
```

```
?>
</td> </tr>
<tr>
<td height="1" bgcolor="#CCCCCC"></td>
</tr>
</table></body>
</html>
```

11.4.3 添加新留言页面的设计与实现

用户可以通过如图 11-5 所示的页面来发布留言信息。其中，用户姓名、留言标题和留言内容是必填项目。

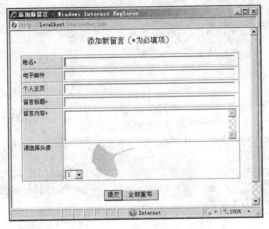

图 11-5 添加新留言页面

11.4.4 问卷调查内容设置功能页面的设计与实现

网络留言本的管理员还可以通过网页对某件事进行问卷调查。首先要通过如图 11-6 所示的页面来添加和编辑调查内容及选项，在该页面中还可以对已有选项进行修改、删除等操作。

图 11-6 问卷调查内容设置功能页面

下面列出其实现的程序源代码，以供读者学习参考。

```
<html>
<head>
<meta http-equiv="Content-Type" content="text/html; charset=gb2312">
<title>问卷调查投票</title>
<link rel="stylesheet" href="style.css">
</head>
<script language="JavaScript">
function newwin(url) {
    var        oth="toolbar=no,location=no,directories=no,status=no,menubar=no,scrollbars=yes,
resizable=yes,left=200,top=200";
    oth = oth+",width=200,height=100";
    var newwin=window.open(url,"newwin",oth);
    newwin.focus();
    return false;
}
function SelectChk()
{
    var s=false;
    var itemid,n=0;
    var strid,strurl;
    var nn = self.document.all.item("dept");
    for (j=0;j<nn.length-1;j++)
    {
        if (self.document.all.item("dept",j).checked)
        {
            n = n + 1;
            s=true;
            itemid = self.document.all.item("dept",j).id+"";
            if(n==1)
            {
                strid = itemid;
            }
            else
            {
                strid = strid + "," + itemid;
            }
            alert(strid);
        }
    }
    strurl = "AddItem.php?Oper=delete&id=" + strid;
    if(!s)
    {
        alert("请选择要删除的投票选项！");
        return false;
    }
    if ( confirm("你确定要删除这些投票选项吗？"))
    {
        form1.action = strurl;
        form1.submit();
```

```
            }
    }
    function sltAll()
    {
        var nn = self.document.all.item("dept");
        for(j=0;j<nn.length;j++)
        {
            self.document.all.item("dept",j).checked = true;
        }
    }
    function sltNull()
    {
        var nn = self.document.all.item("dept");
        for(j=0;j<nn.length;j++)
        {
            self.document.all.item("dept",j).checked = false;
        }
    }
</script>
<body link="#000080" vlink="#080080">
<form id="form1" name="form1" method="POST">
<?PHP
$Soperate = $_GET["Oper"];
include("Baseclass\VoteItem.php");
$obj = new SelectItem();                   //定义新对象
$Operid = $_GET["id"];                     //选项编号
if($Soperate=="add") {                     //添加选项
    $newTitle = $_POST["txttitle"];
    echo($newTitle);
    //判断数据库中是否存在此类别
    if($obj->exists($newTitle))
        echo("已经存在此投票选项,添加失败!");
    else {
        $obj->Item = $newTitle;
        $obj->insert();
        echo("投票选项已经成功添加!");
    }
}
elseif($Soperate == "edit")     {
    $newTitle = $_POST["txttitle"];
    $orgTitle = $_POST["sOrgTitle"];
    echo("newTitle : " . $newTitle . "   orgTitle: " . $orgTitle);
    if($newTitle<>$orgTitle)   {
        if($obj->exists($newTitle))
            echo("已经存在此投票选项,添加失败!");
        else {
            $obj->updateItem($newTitle, $Operid);
            echo("投票选项已经成功修改!");
        }
```

```php
        }
    }
    elseif($Soperate=="delete")  {
        $obj->delete($Operid);
        echo("投票选项已经成功删除!");
    }
?>
<p align="center" class="STYLE1"><font style="FONT-SIZE: 12pt">问卷调查投票选项管理</font></p>
<center>
<table border="1" cellspacing="0" width="90%"  bordercolorlight="#4DA6FF" bordercolordark=
"#ECF5FF" style="FONT-SIZE: 9pt">
    <tr>
        <td width="60%" align="center" bgcolor="#FEEC85"><strong>选 项</strong></td>
        <td width="20%" align="center" bgcolor="#FEEC85"><strong>修 改</strong></td>
        <td width="20%" align="center" bgcolor="#FEEC85"><strong>选 择</strong></td>
    </tr>
<?PHP
$hasData = false;
$results = $obj->load_VoteItem();
while($row = $results->fetch_row())  {
    $hasData = true;
?>
    <tr><td> <?PHP echo($row[1]);?> </td>
    <td align="center"><a href="AddItem.php?Oper=update&id=<?PHP echo($row[0]);?>&name=
<?PHP echo($row[1]); ?>">修改</a></td>
    <td align="center"><input type="checkbox" name="dept" id=<?PHP echo($row[0]); ?>></td>
</tr>
<?PHP
}
if(!$hasData)  {
?>
    <tr><td colspan=3 align=center><font  style="COLOR:Red">目前还没有投票选项。</font>
</td></tr></table>
<?PHP } ?>

</table>
    <p align="center">
    <input  type="button"  name="revote"  value="清空票数,重新投票、计票 " onClick="return
newwin ('ReVote.php')">   
<?PHP
if($hasData)  {
?>
    <input type="button" value="全 选" onClick="sltAll()">
      <input type="button" value="清 空" onClick="sltNull()">
      <input type="submit" value="删 除" name="tijiao" onClick="SelectChk()">
<?PHP
}
?>
</form>
```

```
<?PHP
if($Soperate == "update")
{
    $sTitle = $_GET["name"];
?>
    <form name="UFrom" method="post" action="AddItem.php?id=<?PHP echo($Operid); ?>&Oper
=edit">
        <div align="center">
            <input type="hidden" name="sOrgTitle" value="<?PHP echo($sTitle); ?>"><font color=
"#FFFFFF"><b><font color="#000000">投票选项名称</font></b></font>
            <input type="text" name="txttitle" size="20" value="<?PHP echo($sTitle); ?>">
            <input type="submit" name="Submit" value=" 修 改 ">
            </div>
    </form>
<?PHP
}
else {
?>
<form name="AForm" method="post" action="AddItem.php?Oper=add">
  <div align="center">
    <font color="#FFFFFF"><b><font color="#000000">投票选项名称</font></b></font>
    <input type="text" name="txttitle" size="20">
    <input type="submit" name="Submit" value=" 添 加 ">
  </div>
</form>
<?PHP
}  ?>
<input type="hidden" name="dept">
</BODY>
</HTML>
```

11.4.5　网络投票页面的设计与实现

通过网络投票进行某件事的调查，是现代互联网的重要应用之一。它可以大大降低传统调查方式的运行成本，节省时间，提高工作效率，而且还可以提高调查的准确度。该页面的运行效果如图 11-7 所示。

图 11-7　网络投票页面

其实现的程序代码如下：

```php
<?PHP
$ip = $_SERVER["REMOTE_ADDR"];
include('Baseclass\VoteIP.php');
$objIP = new VoteIP();
//如果表中没有投过票，则插入记录
if($objIP->exists($ip))    {
    echo("你已经投过票了，不得重复投票！");
}
else {
    $objIP->IPAdress = $ip;
    $objIP->insert();
    $ids = $_GET["cid"];
    <?PHP
    class SelectItem
    {
         var $linkdb;
        public $Id;
        public $Item;                //选项名称
        public $VoteCount;           //投票数量，默认为 0
        function __construct()
        {
            $this->linkdb = mysqli_connect("localhost", "root", "ld1224", "web_luntan_db");
            mysqli_query($this->linkdb, "SET NAMES gbk");
        }
        function __destruct()
        {
            mysqli_close($this->linkdb);
        }
        function exists($title)        //判断选项是否存在
        {
            $sql = "SELECT * FROM SelectItem WHERE Item='" . $title . "'";
            $result = $this->linkdb->query($sql);
            if($row = $result->fetch_row())
                Return true;
            else
                Return false;
        }
        function FetchInfo($Id)        //获取选项的内容
        {
            $sql = "SELECT * FROM SelectItem WHERE Id=" . $Id;
            $result = $this->linkdb->query($sql);
            if($row = $result->fetch_row())
            {
                $this->Id = $Id;
                $this->Item = $row[1];
                $this->VoteCount = (int)$row[2];
            }
```

```
        }
        function insert()                    //插入新记录
        {
            $sql = "INSERT INTO SelectItem (Item, VoteCount) VALUES('" . $this->Item . "', 0)";
            $this->linkdb->query($sql);
        }
        function delete($Ids)
        {
            $sql = "DELETE FROM SelectItem WHERE Id IN (" . $Ids . ")";
            $this->linkdb->query($sql);
        }
        function updateItem($newItem, $id) {
            $sql = "UPDATE SelectItem SET Item='" . $newItem . "' WHERE Id=" . $id;
            $this->linkdb->query($sql);
        }
        function clearCount() {
            $sql = "UPDATE SelectItem Set VoteCount=0 WHERE Id>0";
            $this->linkdb->query($sql);
        }
        function getItemCount() {
            $sql = "SELECT Count(*) FROM SelectItem";
            $results = $this->linkdb->query($sql);
            if($row = $results->fetch_row())
                Return (int)$row[0];
            else
                Return 0;
        }
        function SumItemCount() {
            $sql = "SELECT Sum(VoteCount) FROM SelectItem";
            $results = $this->linkdb->query($sql);
            if($row = $results->fetch_row())
                Return (int)$row[0];
            else
                Return 0;
        }
        function updateCount($Ids) {
         $sql = "UPDATE SelectItem SET VoteCount=VoteCount+1 WHERE Id IN (" . $Ids . ")";
            $this->linkdb->query($sql);
        }
        function load_SelectItem()
        {
            $sql = "SELECT * FROM SelectItem";
            $results = $this->linkdb->query($sql);
            Return $results;
        }
    }
?>

$objItem = new SelectItem();
$objItem->updateCount($ids);
```

```
      echo("已成功投票");
}
?>
<script language=javascript>
setTimeout("window.close()",800);
opener.location.reload();
</script>
```

11.4.6   网络投票结果查询页面的设计与实现

在网络投票进行过程中，用户还可以实时查看投票结果，其运行结果如图 11-8 所示。

图 11-8   投票结果查询

其实现的程序代码如下：

```
<html>
<head>
<meta http-equiv="Content-Type" content="text/html; charset=gb2312">
<link href="style.css" type="text/css" rel=stylesheet>
<title>投票系统</title>
</head>
<body topmargin="2" leftmargin="2">
<form method=post   id="form1"><center>
<table border="0" width="98%" cellpadding="0" cellspacing="4">
  <tr>
    <td width="100%">
      <table border="0" width="100%" cellspacing="0" cellpadding="0" style="background-color:
#B0DCF0;border: 1 dotted #A7D8EF">
        <tr>
          <td width="100%">
            <table border="0" width="100%" cellspacing="1" cellpadding="3">
              <tr>
                <td bgcolor="#FFFFFF" valign="top">
                <table border="0" width="100%" cellspacing="1" style="background-color:#B0DCF0;
border: 1 dotted #A7D8EF">
                  <tr>
                    <td width="40%">投票选项</td>
                    <td width="40%" colspan="2">支持率</td>
                    <td width="10%">票数</td>
```

241

```
                        </tr>
<?PHP
include('Baseclass\VoteItem.php');
$objItem = new SelectItem();
$total = $objItem->SumItemCount();
$results = $objItem->load_SelectItem();
while($row = $results->fetch_row())   {
if($total == 0)
    $itotal = 1;
else
    $itotal = $total;

$imgvote = (int)$row[2] * 170 / $itotal;
?>
    <tr><td bgcolor="#FFFFFF"><?PHP echo($row[1]);?></td>
      <td colspan="2" bgcolor="#FFFFFF">
        <img src=images/bar1.gif width=<?PHP  echo($imgvote); ?>  height=10><font style=
"font:7pt" face="Verdana">
    <?PHP echo((int)$row[2]*100/$itotal); ?>%</font></td>
    <td bgcolor="#FFFFFF" align="center"><?PHP echo($row[2]); ?></td>
    </tr>
<?PHP }?>
    <tr> <td colspan="2" align="left"></td>
      <td colspan="2" align="right">总票数：<?PHP echo($total); ?></td>
                    </tr>
                </table>
                </td>
              </tr>
            </table>
          </td>
        </tr>
      </table>
    </td>
  </tr>
</table>
</center>
<input type=hidden   name="poster">
</form><body>
<script language=javascript>
opener.location.reload();
</script></html>
```

11.5　本章小结

　　随着互联网应用的普及，人们越发希望可以不安装其他任何软件，只通过浏览器便能
实现对某个信息系统的各种操作，享受信息服务。利用 PHP 技术来实现 B/S 模式的信息管

理系统正被越来越多的程序员所追捧。本章通过详尽的实例，系统阐述了在 PHP 中实现信息系统开发过程中所需的步骤。另外，通过本实例，读者还应仔细体会在 PHP 程序中，利用面向对象编程技术实现项目的模块化开发的优点。

11.6　练　习　题

1. 在 PHP 程序中如何实现 MySQL 数据库的连接？
2. 根据个人的理解，你认为设计一个数据库需要经过哪些步骤？
3. 通过本章的学习，总结一下常用的数据库操作函数种类及各自的用法。
4. 试编写一个名为 DB_Link 的类，在类中要求实现当对该类的对象进行调用时，自动连接数据库，而释放该对象时，自动断开数据库连接。

11.7　上　机　实　战

请用 PHP 语言设计一个学生成绩管理系统的成绩输入子系统，要求能实现以下功能：通过 Web 浏览器，在设计好的页面内输入学号（CHAR(10)）、课程编号（CHAR(10)）和成绩（TINYINT），且在输入成绩时，如果成绩小于 60，则在页面内立即用红色显示该成绩；成绩输入完毕后，通过单击页面上的提交按钮，可以将批量成绩数据一次性提交并保存到后台数据库的成绩表中。

第 12 章　实　验　指　导

知识点:

- ☑ 掌握 PHP+MySQL+Apache 开发环境的配置
- ☑ 了解 PHP Web 项目开发的一般流程
- ☑ 数据库系统设计
- ☑ 数据库系统的定义及使用
- ☑ PHP 程序中灵活高效地使用 MySQL 数据库

本章导读:

在 PHP 动态网站设计中,数据库技术是必不可少的组成部分。PHP+MySQL+Apache 是 Web 项目开发最常见的组合之一,也是理论和实际联系的非常紧密的一项技术,因此,上机实验就成了教学和学习过程中的必要环节。本章对如何选择及配置实验环境、数据库系统设计与应用进行阐述,然后通过两个具体实例来说明 Web 项目开发的一般步骤,希望读者阅读后能有一定的受益。

12.1　PHP+MySQL+Apache 系统开发平台的配置

在第 1 章中详细讲述了如何配置 PHP+Apache 的 Web 程序开发环境,在第 6 章中讲述了怎样安装和使用 MySQL 数据库。除此之外,其实还有更简洁方便的配置方法,这就是由网站 www.appservnetwork.com 免费提供的 PHP+MySQL+Apache 集成开发环境的配置软件 AppServ。下面将介绍如何利用该软件配置程序员所需要的软件环境。

12.1.1　下载 AppServ 软件

AppServ 软件可在大约 1 分钟内将 Apache 服务器、PHP、MySQL 数据库环境安装配置好,同时还集成有 phpMyAdmin 以便用户管理数据库。在利用 AppServ 软件安装配置 PHP 程序开发环境之前,先要到网上下载 AppServ 软件包。

很多网站都提供了免费下载 AppServ 软件包服务,但为了软件的安全性,建议到官方网站 www.appservnetwork.com 下载,其步骤如下:

(1) 在浏览器地址栏中输入 "www.appservnetwork.com",然后按 Enter 键后进入 AppServ 软件的官方主页,如图 12-1 所示。

(2) 在该页面中查找所需要安装的 AppServ 版本。一般来说,网站会将最新版本突出显示在网页首部。图 12-1 中显示了 AppServ 的最新版本为 2.5.10,在这里,不妨选择该版本,然后单击图 12-1 中用矩形框圈住部分的链接地址:

http://prdownloads.sourceforge.net/appserv/appserv-win32-2.5.10.exe?download
随后即可将该软件包下载到本地，如图 12-2 所示。

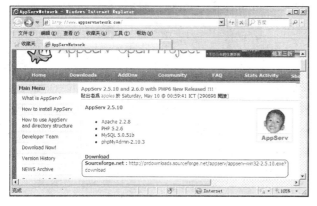

图 12-1　AppServ 官方网站首页　　　　图 12-2　下载到本地的 AppServ 安装软件包

12.1.2　安装 AppServ 软件

下载 AppServ 软件包到本地计算机后，即可进行安装，其具体步骤如下：

（1）双击 AppServ 安装程序 appserv-win32-2.5.10.exe，出现如图 12-3 所示的欢迎界面。

（2）单击 Next 按钮，进入如图 12-4 所示的软件安装的许可协议界面，单击接受许可协议按钮"I Agree"。

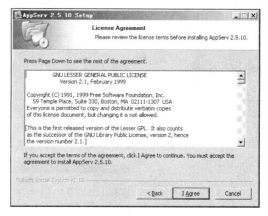

图 12-3　AppServ 欢迎界面　　　　　　图 12-4　AppServ 软件安装许可协议

（3）弹出如图 12-5 所示的选择软件安装位置的对话框，用户根据自己实际需要进行选择。

（4）单击 Next 按钮，出现如图 12-6 所示的选择安装组件对话框，在此选择所有组件，即 Apache 服务器、MySQL 数据库、PHP 预处理器以及 phpMyAdmin 数据库管理软件。

（5）单击 Next 按钮，出现如图 12-7 所示的 Apache HTTP 服务器配置对话框，要求用户设置服务器名称、管理员的邮箱地址和 Apache 服务器的 HTTP 服务端口号（Apach HTTP Port），其默认值为 80，在这里选择此默认值。

（6）单击 Next 按钮，出现如图 12-8 所示的 MySQL 数据库服务器配置对话框，要求设置系统管理员用户"root"的密码以及 MySQL 数据库的字符集设置，对于中国大陆地区的用户来说，选择简体中文字符集（GB2312 Simplified Chinese）即可。

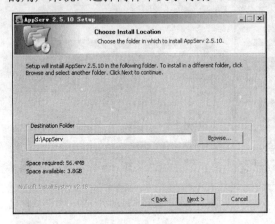

图 12-5　AppServ 软件安装目录选择对话框　　　　图 12-6　选择 AppServ 安装组件

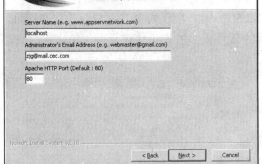

图 12-7　Apache HTTP 服务器配置对话框　　　　图 12-8　MySQL 数据库服务器配置对话框

（7）单击 Install 按钮，系统将开始执行安装 AppServ，如图 12-9 所示。

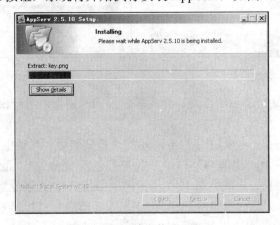

图 12-9　开始安装 AppServ

（8）待安装进度条完毕后，此时灰色的 Next 按钮将显示为黑色字体，表示可用，单击 Next 按钮，弹出如图 12-10 所示的对话框，用户可从此对话框中选择立即启动 Apache 服务器和 MySQL 数据库服务器，然后单击 Finish 按钮，至此 AppServ 安装完毕。

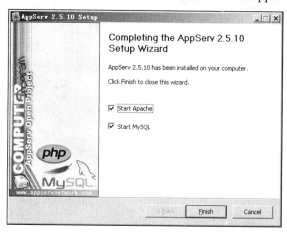

图 12-10　安装完成 AppServ

下面讲解如何验证 PHP+MySQL+Apache 开发环境是否配置成功。

打开网页浏览器，在地址栏中输入"http://localhost"，按 Enter 键后，如果出现如图 12-11 所示的页面，则说明 PHP+MySQL+Apache 开发环境配置成功。

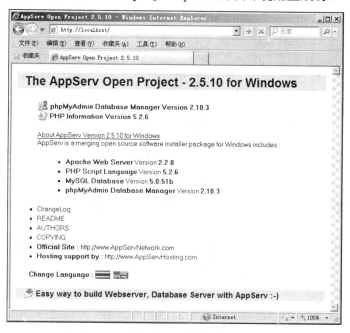

图 12-11　AppServ 安装成功后的访问页面

此外，还可以在网页浏览器地址栏中输入"http://localhost/phpinfo.php"并按 Enter 键，出现如图 12-12 所示的页面，在此可查看 PHP、Apache 以及 MySQL 的相关配置信息。

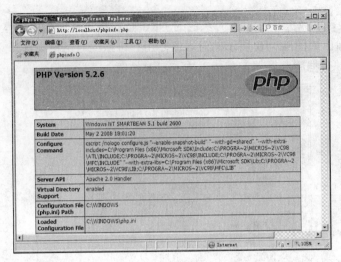

图 12-12　服务器配置信息查询

12.1.3　php.ini 文件的配置

AppServ 安装完成后，在其安装目录下找到 php5 文件夹，将如图 12-13 所示的 php.ini-dist 文件重命名为 php.ini。

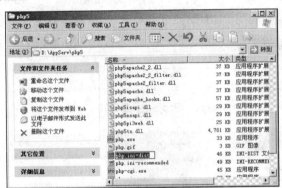

图 12-13　重命名 php.ini-dist 文件

为了网站服务器安全起见，还要修改部分 PHP 配置参数。打开 php.ini 文件，然后进行如下操作：

❑ 找到全局变量开关 register_globals，默认值为 On，为安全起见，在网站正式运行后要关闭此选项，即设置为：register_globals = Off。

❑ 找到错误显示开关 display_errors，默认值为 On，在网站正式运行后要关闭此选项，即设置为：display_errors = Off。

❑ 设置文件上传时使用的临时目录 upload_tmp_dir。默认情况下，AppServ 安装完毕后不会对该项进行设置。为避免在 PHP 文件上传时报错，用户应进行必要的设置，如设置为：upload_tmp_dir ="e:\php5\uploads\。

AppServ 安装完毕后，系统自动将目录 AppServ\www 设置为默认的网站文档的根目录，用户也可根据需要进行修改,其方法是:选择"开始"→"程序"→AppServ→Configuration Server →Apache Edit the httpd.conf Configuration File 命令,即可打开 Apache 的配置文件 httpd.conf, 找到 DocumentRoot 选项,对其进行更改即可,如设置为:DocumentRoot "e:/AppServ/www"。

12.2　实验一:成绩管理系统的设计与实现

按照 12.1 节所叙述的方法,配置好 PHP 项目开发环境后,即可在此平台上做一些实验 项目,首先做一个比较简单的学生成绩管理系统的实验。

12.2.1　实验项目设计目的

掌握利用 MySQL 数据库管理系统来设计用户数据库的基本技术,包括如何创建数据 库,如何创建数据库表,了解 MySQL 数据库所支持的常见数据类型,进一步掌握相关 SQL 语句功能及语法,掌握如何利用正则表达式规范用户提交的数据。熟悉在 PHP 程序中连接 数据库的常用方法。

12.2.2　需求分析及功能描述

本次实验结束后所形成的软件产品应满足的用户需求及功能如下:
- ❏　学生信息录入。
- ❏　成绩信息录入。
- ❏　学生成绩查询。
- ❏　学生信息查询。

整个项目的界面大致要求如图 12-14 所示,学生在做实验时可根据现有的网页素材和 计算机环境灵活处理。

图 12-14　学生成绩管理系统功能界面

12.2.3 数据库设计

为实现成绩查询系统的预期功能，应在 MySQL 中设计一个数据库（StuScoreDB），其中包含 3 个数据表、一个视图以及一个存储过程，本次实验所涉及的数据库和数据表可通过 MySQL 数据库可视化管理工具 phpMyAdmin 和 Navicat MySQL 设计实现。如表 12-1～表 12-3 是各数据表的结构。

表 12-1 成绩表结构

字 段 名 称	数 据 类 型	数 据 长 度	是否允许为空	备 注
学号	char	7	否	第一主键
课程号	char	4	否	第二主键
成绩	int	4	是	

表 12-2 课程表结构

字 段 名 称	数 据 类 型	数 据 长 度	是否允许为空	备 注
课程号	char	4	否	主键
课程名	char	16	否	
开课学期	tinyint	1	是	
学时	int	4	是	
学分	int	4	否	

表 12-3 学生名单结构

字 段 名 称	数 据 类 型	数 据 长 度	是否允许为空	备 注
学号	char	7	否	主键
姓名	char	8	否	
性别	tinyint	1	否	
出生日期	date	0	是	
专业	char	12	是	
总学分	int	4	否	
备注	tinytext	255	是	
照片	blob	65535	是	

为加快查询学生各个成绩情况，还应建立一个视图（xs _cj_kc），该视图涉及 3 个基表：学生名单、课程表和成绩表，其实现的 SQL 语句如下：

```
CREATE  VIEW  xs _cj_kc  AS
select 学生名单.学号,学生名单.姓名,课程表.课程号,课程表.课程名,成绩表.成绩 from 成绩表, 课程表, 学生名单 where ((成绩表.学号 = 学生名单.学号) and (成绩表.课程号 = 课程表.课程号))
```

还有一个存储过程（storeprc_cj）：

```
CREATE  PROCEDURE  storeprc_cj (in_xh CHAR(6),in_kch CHAR(3),in_cj INT(4))
BEGIN
```

```
        DECLARE in_count  INT(4);
        DECLARE in_xf      TINYINT(1);
        DECLARE in_cjb_cj      INT(4);
        SELECT  学分  INTO in_xf FROM KCB WHERE  课程号=in_kch;
        SELECT COUNT(*) INTO in_count FROM CJB WHERE  学号=in_xh AND  课程号=in_kch;
        SELECT  成绩  INTO in_cjb_cj FROM CJB WHERE  学号=in_xh AND  课程号=in_kch;
        IF in_count>0 THEN
        BEGIN
            DELETE FROM CJB WHERE  学号=in_xh and  课程号=in_kch;
            IF in_cjb_cj>60 THEN
                UPDATE XSB set  总学分=总学分-in_xf WHERE  学号=in_xh;
            END IF;
        END;
        END IF;
        IF in_cjb_cj!=-1 THEN
        BEGIN
            INSERT INTO CJB VALUES(in_xh,in_kch,in_cj);
            IF in_cjb_cj>60 THEN
                UPDATE XSB SET  总学分=总学分+in_xf WHERE  学号=in_xh;
            END IF;
        END;
        END IF;
END
```

12.2.4 代码设计

基于本程序功能的描述和现有的数据库结构，在进行代码编写时应结合前期的功能需求分析进行合理的代码设计，下面列出主要模块的部分代码。

1．MySQL 数据库连接模块的实现代码

```php
<?php
$server="localhost";                                    //服务器名
$user="root";                                           //用户名
$password="ld1224";                                     //密码
$database=" StuScoreDB";                                //数据库名
$conn=mysql_connect($server,$user,$password);           //连接字符串
mysql_select_db($database,$conn);                       //选择并打开数据库
mysql_query("SET NAMES gb2312");                        //设置字符集
?>
```

2．显示学生信息模块的实现代码

```php
<?php
require "connection.php";
session_start();
```

```
$number=$_GET['id'];
$_SESSION['number']=$number;
$sql="select 备注,照片 from 学生名单 where 学号='$number'";        //查找备注和照片列
$result=mysql_query($sql);
@$row=mysql_fetch_array($result);
$BZ=$row['备注'];
$ZP=$row['照片'];
?>
<html><head>
<title>学生附加信息</title>
</head>
<body bgcolor="D9DFAA">
<br><br><br><table width="100" border="1">
<tr><td   align="center">附加信息</td></tr>
<tr><td   bgcolor="#CCCCCC" align="center">备注</td></tr>
<tr><td><textarea rows="7"  name="StuBZ" ><?php if($BZ)echo $BZ;else echo " 暂 无 ";?>
</textarea></td></tr>
</table></body>
</html>
```

3．添加学生信息及修改学生信息模块的实现代码

```
<html>
<meta http-equiv="Content-Type" content="text/html; charset=gb2312" />
<body bgcolor="D9DFBB">
 <div align="center"><font face="宋体" size="5" color="#008000">
                <b>录入学生信息</b></font></div>
<form name="frm1" method="post" action="AddStu.php" style="margin:0">
<table width="340" align="center">
<tr><td width="168"><span >根据学号查询学生信息:</span></td>
 <td><input name="StuNumber" id="StuNumber" type="text" size="10">
    <input type="submit" name="test"   value="查找"></td></tr>
</table>
</form>
<?php
require "connection.php";
session_start();
$number=@$_POST['StuNumber'];
$_SESSION['number']=$number;
$sql="select * from 学生名单 where 学号='$number'";
$result=mysql_query($sql);
@$row=mysql_fetch_array($result);
if(($number!==NULL)&&(!$row))                //判断学号是否合法
    echo "<script>alert('没有该学生信息！')</script>";
$timeTemp=strtotime($row['出生日期']);
$time=date("Y-n-j",$timeTemp);
?>
```

```php
<form name="frm2" method="post" style="margin:0" enctype="multipart/form-data">
<table bgcolor="#CCCCCC" width="430" border="1" align="center" cellpadding="0" cellspacing="0">
<tr><td bgcolor="#CCCCCC" width="90"><span >学号:</span></td>
<td><input name="StuNum" type="text" size="35" value="<?php echo $row['学号']; ?>">
<input name="h_StuNum" type="hidden" value="<?php echo $row['学号']; ?>"></td></tr>
<tr><td bgcolor="#CCCCCC" width="90"><span >姓名:</span></td>
<td><input name="StuName" type="text" size="35" value="<?php echo $row['姓名']; ?>">
</td></tr>
<tr><td bgcolor="#CCCCCC"><div >性别:</div></td>
<?php
if($row['性别']===0)
{?>
    <td><input type="radio" name="Sex" value="1"><span >男</span>
    <input type="radio" name="Sex" value="0" checked="checked"><span >女
    </span></td>
<?php
}
else
{?>
    <td><input type="radio" name="Sex" value="1" checked="checked">
            <span >男</span>
    <input type="radio" name="Sex" value="0"><span >女</span></td>
<?php
}
?>
</tr>
<tr><td bgcolor="#CCCCCC"><span >出生日期:</span></td>
<td><input name="Birthday" size="30" type="text" value="<?php if($time) echo $time;?>"></td></tr>
<tr><td bgcolor="#CCCCCC"><span >专业:</span></td>
<td><input name="Project" size="30" type="text" value="<?php echo $row['专业'];?>"></td></tr>
<tr><td bgcolor="#CCCCCC"><span >总学分:</span></td>
<td><input name="StuZXF" size="30" type="text" value="<?php echo $row['总学分'];?>"
readonly></td></tr>
<tr><td bgcolor="#CCCCCC"><span >备注:</span></td>
<td><textarea cols="34" rows="4" name="StuBZ" >
    <?php echo $row['备注']; ?></textarea></td></tr>
<tr><td bgcolor="#CCCCCC" height="150"><span >学生照片:</span></td>
<td align="center">

<br><input type="file" name="file"></td></tr>
<tr><td align="center" colspan="2" bgcolor="#CCCCCC">
<input name="b" type="submit" value="修改" >  
<input name="b" type="submit" value="添加" />
  <input name="b" type="submit" value="删除" >  
<input name="b" type="button" value="退出"   onClick="window.location='main.html'">
</td></tr>
</table></form></body>
</html>
<?php
$Num =$_POST['StuNum'];
```

```php
$XH=$_POST['h_StuNum'];
$name=$_POST['StuName'];
$sex=$_POST['Sex'];
$birthday=$_POST['Birthday'];
$project=$_POST['Project'];
$points=$_POST['StuZXF'];
$note=$_POST['StuBZ'];
$tmp_file=$_FILES["file"]["tmp_name"];
$handle=fopen($tmp_file,'r');
$picture=addslashes(fread($handle,filesize($tmp_file)));
$checkbirthday=preg_match('/^\d{4}-(0?\d|1?[012])-(0?\d|[12]\d|3[01])$/',$birthday);    //正则表达式
function test($xuehao,$name,$checkbirthday,$tmp_file)          //该函数用于验证表单数据
{
    if($xuehao==NULL)
    {
        echo "<script>alert('学号不能为空!');location.href='AddStu.php';</script>";
        exit;
    }
    else if($name==NULL)
    {
        echo "<script>alert('姓名不能为空!');location.href='AddStu.php';</script>";
        exit;
    }
    else if($checkbirthday==0)                                //判断日期是否符合格式要求
    {
        echo "<script>alert('日期格式错误!');location.href='AddStu.php';</script>";
        exit;
    }
    else
    {
        if($tmp_file)                                        //如果上传了照片
        {
            $type=$_FILES['file']['type'];                   //上传文件的格式
            $Tpsize=$_FILES['file']['size'];                 //图片的大小
            if((($type!="image/gif")&&($type!="image/jpeg")&&($type!="image/pjpeg")&&
($type!="image/bmp")))
            {
                echo "<script>alert('照片格式不对!');location.href='AddStu.php';</script>";
                exit;
            }
            else if($Tpsize>100000)
            {
                echo "<script>alert('照片尺寸太大!');location.href='AddStu.php';</script>";
                exit;
            }
        }
    }
}
if(@$_POST["b"]=='修改')
```

```
{
    echo "<script>if(!confirm('确认修改')) return FALSE;</script>";
    test($xuehao,$name,$checkbirthday,$tmp_file);
    if($xuehao!=$XH)
        echo"<script>alert('学号非法，无法修改!');location.href='AddStu.php';</script>";
    else
    {
        if(!$tmp_file)
        {
            $update_sql="update 学生名单 set 姓名='$name',性别=$sex,出生日期='$birthday',
专业='$project',备注='$note' where 学号='$XH'";
        }
        else
        {
            $update_sql="update 学生名单 set 姓名='$name',性别=$sex,出生日期='$birthday',
专业='$project',备注='$note', 照片='$picture' where 学号='$XH'";
        }
        $update_result=mysql_query($update_sql);
        if(mysql_affected_rows($conn)!=0)
            echo "<script>alert('修改成功!');location.href='AddStu.php';</script>";
        else
            echo "<script>alert('失败，请检查输入信息!');location.href='AddStu.php';</script>";
    }
}
if(@$_POST["b"]=='添加')
{
    test($xuehao,$name,$checkbirthday,$tmp_file);
    $s_sql="select 学号 from 学生名单 where 学号='$xuehao'";
    $s_result=mysql_query($s_sql);
    $s_row=mysql_fetch_array($s_result);
    if($s_row)
        echo "<script>alert('已存在，无法添加!');location.href='AddStu.php';</script>";
    else
    {
        if(!$tmp_file)                              //若没有图片则不向照片字段插入内容
        {
            $insert_sql="insert into 学生名单(学号,姓名,性别,出生日期,专业,总学分,备注)
            values('$xuehao','$name',$sex,'$birthday','$project',0,'$note')";
        }
        else
        {
            $insert_sql="insert into 学生名单(学号,姓名,性别,出生日期,专业,总学分,备注,照片)
            values('$xuehao','$name',$sex,'$birthday','$project',0,'$note','$picture')";
        }
        $insert_result=mysql_query($insert_sql);
        if(mysql_affected_rows($conn)!=0)
            echo "<script>alert('添加成功!');location.href='AddStu.php';</script>";
        else
            echo"<script>alert('失败，检查输入!');location.href='AddStu.php';</script>";
```

```
        }
}
if(@$_POST["b"]=='删除')
{
    if($xuehao==NULL)
    {
        echo "<script>alert('请输入要删除的学号!');location.href='AddStu.php';</script>";
    }
    else
    {
        $d_sql="select 学号 from 学生名单 where 学号='$xuehao'";
        $d_result=mysql_query($d_sql);
        $d_row=mysql_fetch_array($d_result);
        lf(!$d_row)                                    //学号如果不存在则提示
            echo "<script>alert('不存在，无法删除!');location.href='AddStu.php';</script>";
        else
        {
            $del_sql="delete from 学生名单 where 学号='$xuehao'";
            $del_result=mysql_query($del_sql) or die('删除失败！');
            if($del_result)
            echo "<script>alert('删除".$xuehao."成功!');location.href='AddStu.php';</script>";
        }
    }
}
?>
```

4. 学生成绩录入与编辑模块的实现代码

```
<html>
<head><title>学生信息查询</title>
<meta http-equiv="Content-type" content="text/html; charset=gb2312">
</head>
<body bgcolor="D9DFAA">
<div align="center"><font face="宋体" size="5" color="#008000"><b>成绩信息录入</b></font></div>
<form action="AddStuScore.php" method="get" style="margin:0">
<table width="450" align="center">
<tr><td width="60" bgcolor="#CCCCCC">课程名:</td>
 <td width=50><select name="KCName" >
                <option value="请选择">请选择</option>
<?php
require "connection.php";
$kc_sql="select distinct 课程名 from 课程表";              //查课程
$kc_result=mysql_query($kc_sql);
while($kc_row=mysql_fetch_array($kc_result))
{
    echo "<option>".$kc_row['课程名']."</option>";         //输出课程名到下拉列表框中
}
?>
</select></td>
```

```
        <td width="60" bgcolor="#CCCCCC">专业:</td>
        <td width=50><select name="ZYName" >
                <option value="请选择">请选择</option>
<?php
$zy_sql="select distinct 专业 from 学生名单";                //查找专业
$zy_result=mysql_query($zy_sql);
while($zy_row=mysql_fetch_array($zy_result))
{
        echo "<option>".$zy_row['专业']."</option>";          //输出专业名到下拉列表框中
}
?>
</select></td>
<td width="60" align="center">
<input type="submit" name="Query" value="查询"></td></tr>
</table>
</form>
<?php
require "connection.php";
$KCName=$_GET['KCName'];
$ZYName=$_GET['ZYName'];
echo "<br><div align=center >$KCName</div>";                //输出课程名
echo "<table width=450 border=1 align=center cellpadding=0 cellspacing=0 >";
echo "<tr bgcolor=#CCCCCC height=25 align=center><td>学号</td>";
echo "<td>姓名</td>";
echo "<td>成绩</td>";
echo "<td width=160>操作</td></tr>";
if(!$KCName&&!$ZYName)
{
    for($i=0;$i<10;$i++)
    {
        echo"<tr height=28><td> </td><td> </td><td> </td><td> </td>";
    }
}
else
{
    if($KCName=="选择")                                        //如果未选课程则进行相应提示
        echo "<script>alert('选择课程');location.href='AddStuScore.php'</script>";
    else
    {
        $total=0;                                            //初始化总记录数的值为 0
        if($ZYName=="选择")
        {
            $XS_sql="select 学号,姓名 from 学生名单";
        }
        else
        {
            $XS_sql="select 学号,姓名 from 学生名单 where 专业='$ZYName'";
        }
        $XS_result=mysql_query($XS_sql);
```

```
$total=mysql_num_rows($XS_result);                          //计算总记录数
$page=isset($_GET['page'])?intval($_GET['page']):1;
$url='AddStuScore.php';                                      //本页 URL
$num=10;
$pagenum=ceil($total/$num);
$page=min($pagenum,$page);
$prepg=$page-1;
$nextpg=($page==$pagenum? 0: $page+1);
$offset=($page-1)*$num;
$endnum=$offset+$num;
$new_sql=$XS_sql." limit ".($page-1)*$num.",".$num;
$new_result=mysql_query($new_sql);
while($new_row=mysql_fetch_array($new_result))
{
    list($number,$name)=$new_row;                           //列出结果值
    $CJ_sql="select 成绩 from 成绩表 where 学号='$number'
    and 课程号=(select 课程号 from 课程表 where 课程名='$KCName')";
    $CJ_result=mysql_query($CJ_sql);
    $CJ_row=mysql_fetch_array($CJ_result);
    $points=$CJ_row['成绩'];                                 //取出成绩值
    echo "<input type=hidden value=$KCName id='course'>";
    echo "<tr align=center><td width=110>$number</td>";
    echo "<td width=110>$name</td>";
    echo "<td width=110><input id='points-$number' type=text size=12 value=$points>
</td>";
    echo "<td><ahref=#onclick=\"save(this.id,'$number')\"id='keep-$number'> 保 存 </a>
  ";
    echo "<ahref=#onclick=\"save(this.id,'$number')\"id='delete-$number'>删除</a> </td>
</tr>";
}
echo "</table>";
$pagenav="";
if($prepg)
    $pagenav.="<a  href='$url?page=$prepg&KCName=$KCName&ZYName=$ZYName'
>上一页</a> ";
for($i=1;$i<=$pagenum;$i++)
{
    if($page==$i) $pagenav.=$i." ";
    else
    $pagenav.=" <a href='$url?page=$i&KCName=$KCName&ZYName= $ZYName'>$i
</a> ";
}
if($nextpg)
    $pagenav.=" <a href='$url?page=$nextpg&KCName=$KCName&ZYName =$ZYName'
>下一页</a> ";
    $pagenav.="共(".$pagenum.")页";
    echo "<br><div align=center ><b>".$pagenav."</b></div>";            //输出分页导航
    }
}
```

```
?>
<script>
var xmlHttp;
function GetXmlHttpObject()
{
    var xmlHttp=null;
    try
    {
        xmlHttp=new XMLHttpRequest();
    }
    catch(e)
    {
        try
        {
            ttp=new ActiveXObject("Msxml2.XMLHTTP");
        }
        catch(e)
        {
            mlHttp=new ActiveXObject("Microsoft.XMLHTTP");
        }
    }
    return xmlHttp;
}
function save(str,num)
{
    xmlHttp=GetXmlHttpObject();
    var kcname=document.getElementById("course").value;
    var points=document.getElementById("points-"+num).value;
    var url="StuCJ.php";
    url=url+"?id="+str+"&points="+points+"&kcname="+kcname;
    url=url+"&sid="+Math.random();            //添加一个随机数，以防服务器使用缓存的文件
    xmlHttp.open("GET",url,true);
    xmlHttp.send(null);                       //向服务器发送 HTTP 请求
    xmlHttp.onreadystatechange = function()
    {
        if (xmlHttp.readyState==4 || xmlHttp.readyState=="complete")
        {
            alert(xmlHttp.responseText);
            if(xmlHttp.responseText=='删除成功！')
            document.getElementById("points-"+num).value="";
        }
    }
}
</script>
?>
</body>
</html>
```

5. 成绩查询模块的实现代码

```
<html>
<head><title>学生成绩查询</title></head>
<body bgcolor="D9DFAA">
<div align="center"><font face="宋体" size="5" color="#008000">
            <b>学生成绩查询</b></font></div>
<form name="frm1" method="post" action="ShowStuKC.php" style="margin:0">
<table width="500" align="center">
<tr><td width="60"><span >学号:</span></td>
<td width="160"><input name="StuNum" type="text" size="20"></td>
<td><input type="submit" name="query"   value="查找"></td>
<td> </td></tr>
</table>
</form>
<?php
require "connection.php";
session_start();
$number=@$_POST['StuNum'];
$_SESSION['number']=$number;
$sql1="select 课程号,课程名,成绩 from xs_kc_cj where 学号='$number'";
$sql2="select 姓名,总学分,照片 from 学生名单 where 学号='$number'";
$result1=mysql_query($sql1);
$result2=mysql_query($sql2);
echo "<table width=500 height=350 align=center>";
echo "<tr><td>";
echo "<table width=350 height=340 border=1 cellpadding=0 cellspacing=0>";
echo "<tr bgcolor=#CCCCCC >";
echo "<td width=100>课程号</td>";
echo "<td width=150>课程名</td>";
echo "<td width=100>成绩</td></tr>";
if(!$result1)
{
    for($i=0;$i<12;$i++)
    {
        echo "<tr><td>   </td><td>   </td><td>   </td></tr>";
    }
}
else
{
    $js=0;
    while($row1=mysql_fetch_array($result1))
    {
        List($KCH,$KCM,$CJ)=$row1;
        echo "<tr ><td>$KCH </td>";
        echo "<td>$KCM </td>";
        echo "<td>$CJ </td></tr>";
```

```
            $js++;
        }
        for($i=0;$i<12-$js;$i++)
        {
            echo "<tr><td> </td><td> </td><td> </td></tr>";
        }
    }
    echo "</table></td>";
    @$row2=mysql_fetch_array($result2);
    list($XM,$ZXF,$ZP)=$row2;
    if($number&&(!$XM))
        echo "<script>alert('学号错误!');location.href='ShowStuKC.php';</script>";
    else
    {
        echo "<td><table width=150 height=340 border=1 cellpadding=0 cellspacing=0>";
        echo "<tr><td height=25 bgcolor=#CCCCCC>姓名:</td></tr>";
        echo "<tr><td   height=25 align=center>$XM </td></tr>";
        echo "<tr><td   height=25 bgcolor=#CCCCCC>总学分：</td></tr>";
        echo "<tr><td   height=25 align=center>$ZXF </td></tr>";
        echo "<tr><td align=center>";
        echo "<input type=button name=exit value=退出  onclick=\"window.location='main.html'\">
</td></tr>";
        echo "</table></td>";
    }
    echo "</tr></table>";
?>
</body>
</html>
```

6．成绩修改与删除模块的实现代码

```php
<?php
require "connection.php";
header("Content-Type:text/html;charset=gb2312");
$id=$_GET['id'];
$kcname=$_GET['kcname'];
$points=$_GET['points'];
$array=explode("-", $id);
$action=$array[0];
$number=$array[1];
$kc_sql="select 课程号 from 课程表 where 课程名='$kcname'";
$kc_result=mysql_query($kc_sql);
$kc_row=mysql_fetch_array($kc_result);
$kcnumber=$kc_row['课程号'];
if($action=="keep")
{
    if($points)
```

```
    {
        $cj_sql="CALL storeprc_cj ('$number','$kcnumber',$points)";
        $cj_result=mysql_query($cj_sql);
        if($cj_result)
            echo '保存成功!';
        else
            echo "保存失败！";
    }
    else
        echo "成绩值为空，请输入成绩！";
}
if($action=="delete")
{
    $cj_sql="CALL    storeprc_cj ('$number','$kcnumber',-1)";
    $cj_result=mysql_query($cj_sql);
    if(mysql_affected_rows($conn)!=0)
        echo "删除成功！";
    else
        echo "删除失败！";
}
?>
```

12.3 实验二：用户管理系统的设计与实现

第 9 章详细讲述了在 PHP 中采用面向对象程序设计技术来编写程序代码的方法，采用面向对象编程思想，将使编程不再是非常困难的事，本次实验要求利用面向对象程序设计技术来实现。

12.3.1 实验项目设计目的

深入理解面向对象程序设计中类、对象、封装、类的继承等概念，熟悉利用 PHP 语言来定义类和对象的方法；熟练掌握如何访问对象，进一步掌握相关 SQL 语句功能及语法；熟悉在 PHP 程序中连接数据库的常用方法。

12.3.2 需求分析及功能描述

本次实验结束后所形成的软件产品应满足的用户需求及功能如下：
- 用户的系统登录。
- 用户角色及权限的分配。
- 系统管理员添加系统新用户。
- 系统管理员修改用户信息。
- 系统管理员删除用户信息。

整个项目的功能界面大致要求如图 12-15～图 12-18 所示，学生在做实验时可根据现有的网页素材和计算机环境灵活处理。

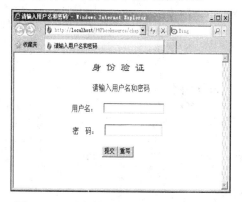

图 12-15　用户管理系统的用户登录页面

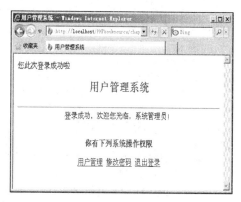

图 12-16　用户登录成功后的页面

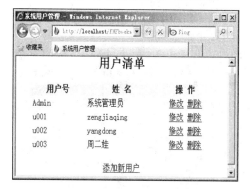

图 12-17　用户查询及修改页面

图 12-18　系统管理员添加新用户

12.3.3　数据库设计

为实现用户管理系统的预期功能，应在 MySQL 中设计一个数据库（userdatabase），其中包含一个数据表，其数据表的结构如表 12-4 所示。

表 12-4　课程表结构

字 段 名 称	数 据 类 型	数 据 长 度	是否允许为空	备 注
UID	varchar	50	否	主键
UserPwd	varchar	50	是	
UserName	varchar	50	是	

12.3.4　代码设计

基于本程序功能的描述和现有的数据库结构，在进行代码编写时应结合前期的功能需求分析进行合理的代码设计，下面列出主要模块的部分代码。

1. 用户（Users）类定义的实现代码

```php
<?PHP
class Users
{
    var $conn;
    public $UID;                              //用户号
    public $UserPwd;                          //用户密码
    public $username;                         //显示名称
    function __construct()                    //定义构造函数
    {
        $this->conn = mysqli_connect("localhost", "root", "ld1224", "userdatabase");
        //连接数据库
        mysqli_query($this->conn, "SET NAMES gbk");
    }
    function __destruct()                     //定义析造函数
    {
        mysqli_close($this->conn);            //关闭连接
    }
    function exists($user)                    //定义类的方法，判断指定用户是否存在
    {
        $result = $this->conn->query("SELECT * FROM Users WHERE UID='" . $user . "'");
        If($row = $result->fetch_row())、
        {
            $this->UID = $user;
            $this->UserPwd = $row[1];
            $this->username = $row[2];
            return true;
        }
        else
            return false;
    }
    function verify($user, $pwd)              //定义类的一个方法，判断用户号和密码是否存在
    {
        $sql = "SELECT * FROM Users WHERE UID='" . $user . "' AND UserPwd='" . $pwd . "'";
        $result = $this->conn->query($sql);
        if($row = $result->fetch_row())
        {
            $this->UID = $user;
            $this->UserPwd = $pwd;
            $this->username = $row[2];
            return true;
        }
        else
            return false;
    }
    function load_users()                     //定义类的方法，用于显示所有用户信息
    {
```

```
        $sql = "SELECT * FROM Users";
        $result = $this->conn->query($sql);
        Return $result;
    }
    function insert()                        //定义类的方法，添加新用户
    {
        $sql = "INSERT INTO Users VALUES('" . $this->UID . "', '" . $this->UserPwd . "', '" .
$this->username . "')";
        $this->conn->query($sql);
    }
    function updateShowName()                //修改用户名
    {
        $sql = "UPDATE Users SET username='" . $this->username . "' WHERE UID='". $this
->UID . "'";
        $this->conn->query($sql);
    }
    function updatePassword()                //定义类的方法，修改用户密码
    {
        $sql = "UPDATE Users SET UserPwd='" . $this->UserPwd . "' WHERE UID='" .
$this->UID . "'";
        $this->conn->query($sql);
    }
    function delete()                        //定义类的方法，用于删除用户
    {
        $sql = "DELETE FROM Users WHERE UID='" . $this->UID . "'";
        $this->conn->query($sql);
    }
}
?>
```

2. 用户号与用户密码验证模块的实现代码

```
<?PHP
include('Users.php');      //将 Users 类包含到此处
$user = new Users();
session_start();
if(!isset($_SESSION['Passed']))
{
    $_SESSION['Passed'] = False;
}
if($_SESSION['Passed']==False)
{
    $UID = $_POST['UID'];
    $UserPwd = $_POST['UserPwd'];
    if($UID == "")
        $Errmsg = "请输入用户号和密码";
    else
    {
```

```php
            if(!$user->verify($UID, $UserPwd))
            {
                    $Errmsg = "用户号或密码不正确";
            }
            else
            {
                    echo("您此次登录成功啦");
                    $_SESSION['Passed'] = True;
                    $_SESSION['UID'] = $UID;
                    $_SESSION['username'] = $user->username;
                    //$_SESSION['username'] = $row[2];
            }
        }
}
if(!$_SESSION['Passed'])
{
    ?>
    <HTML>
    <HEAD><TITLE>输入用户号及密码</TITLE></HEAD>
    <BODY>
    <script Language="JavaScript">
    function ChkFields()
    {
        if (document.MyForm.UID.value=='')
        {
                window.alert ("请输入用户号！")
                return false
        }
         return true
    }
    </script>
    <p align="center"><font   color="#FF0000" size="5" face="隶书">身 份 验 证</font></p>
    <p align="center"><font color="#800000">   <?PHP echo($Errmsg); ?></font></p>
    <form   method="POST"   action="<?PHP   $_SERVER['PHP_SELF']   ?>"   name="MyForm"
onsubmit ="return ChkFields()">
    <p align="center">用户号：  <input type="text" name="UID" size="20"></p>
    <p align="center">密  码：  <input type="password" name="UserPwd" size="20"
> </p>
    <p align="center"><input type="submit" value="提交" name="B1"><input type="reset" value
="重写" name="B2"></p>
    </form>
    <p align="center">   </p>
    </BODY></HTML>
    <?PHP
    exit("");
}
?>
```

3．新用户添加模块的实现代码

```php
<?PHP
include('ChkPwd.php');
if($_SESSION['UID'] <> "Admin")
{
    echo("不是 Admin 用户，没有此权限");
    exit();
}?>
<html>
<head><title>用户注册</title></head>
<script Language="JavaScript">
function ChkFields() {
if (document.myform.UID.value=='') {
    window.alert ("请输入用户号！");
    myform.UID.focus();
    return false
}
if (document.myform.UID.value.Length<=2) {
    window.alert ("用户号长度不得小于 2。");
    myform.UID.focus();
    return false
}
if (document.myform.Pwd.value.length<6) {
    window.alert ("新密码长度不得小于 6。");
    myform.Pwd.focus();
    return false
}
if (document.myform.Pwd.value=='') {
    window.alert ("输入新密码！");
    myform.Pwd.focus();
    return false
}
if (document.myform.Pwd1.value=='') {
    window.alert ("请确认新密码！");
    myform.Pwd1.focus();
    return false
}
if (document.myform.Pwd.value!=document.myform.Pwd1.value) {
    window.alert ("两次输入的新密码必须相同！");
    return false
}
return true
}
</script>
 <body>
  <form method="POST" action="UserSave.php" name="myform" onSubmit="return ChkFields()">
<h3></h3>
<p align="center">用户基本信息</p><input type="hidden" name="flag" value="new">
```

267

```
<table align="center" border="1" cellpadding="1" cellspacing="1" width="473" bordercolor="#008000"
bordercolordark="#FFFFFF">
<tr>
    <td align=left bgcolor="#E1F5FF" width="165">用户号</td>
    <td width="292"><input type="text" name="UID" size="20"></td>
</tr>
<tr>
    <td align=left bgcolor="#E1F5FF" width="165">用户姓名</td>
    <td width="292"><input type="text" name="username" size="20"></td>
</tr>
      <tr>
    <td align=left bgcolor="#E1F5FF" width="165">用户密码</td>
    <td width="292"><input type="password" name="Pwd" size="20"></td>
</tr>
<tr>
    <td align=left bgcolor="#E1F5FF" width="165">密码确认</td>
    <td width="292"><input type="password" name="Pwd1" size="20"></td>
      </tr>
  </table>
 <p align="center"><input type="submit" value=" 提 交 " name="B2"></p>
</form></body>
</html>
```

4．用户密码修改模块的实现代码

```
<?PHP
include('ChkPwd.php');
$UID = $_GET['UID'];
?>
<html>
<head>
<title>修改密码</title>
</head>
<Script Language="JavaScript">
function ChkFields() {
    if (document.myform.Oldpwd.value=='')
    {
        alert("输入原始密码！")
        return false
    }
    if (document.myform.Pwd.value.length<6)
    {
        alert("新密码长度至少要为 6 位！")
        return false
    }
    if (document.myform.Pwd.value!=document.myform.Pwd1.value)
    {
        alert("两次输入的新密码必须相同！")
```

```
            return false
    }
    return true
}
</Script>
<body>
<form method="POST" action="" name="myform" onSubmit="return ChkFields()">
<p align="center">修改密码</p>
<table align="center" border="1" cellpadding="1" cellspacing="1" width="263" bordercolor="#008000"
bordercolordark="#FFFFFF" height="134">
    <tr>
        <td align=left width="86" height="18">用户号</td>
        <td width="161" height="18"><?PHP echo($UID); ?></td>
    </tr>
    <tr>
        <td align=left width="86" height="23">旧密码</td>
        <td width="161" height="23"><input type="password" name="Oldpwd"></td>
    </tr>
    <tr>
        <td align=left width="86" height="23">新密码</td>
        <td width="161" height="23"><input type="password" name="Pwd"></td>
    </tr>
    <tr>
        <td align=left width="86" height="23">密码确认</td>
        <td width="161" height="23"><input type="password" name="Pwd1"></td>
    </tr>
</table>
<p align="center">
<input type="submit" value=" 提 交 " name="B2"></p>
</form>
<?PHP
include('Users.php');
$Oldpwd = $_POST['Oldpwd'];
$Pwd = $_POST['Pwd'];
$user = new Users();   //定义 Users 对象
if(!$user->verify($UID, $Oldpwd))
{
    echo("此用户号不存在或密码错误！");
?>
    <Script Language="JavaScript">
    setTimeout("history.go(-1)",1600);
    </Script>
<?PHP
}
else
{
    $user->UID = $UID;
    $user->UserPwd = $Pwd;
    $user->updatePassword();
```

```
        echo("<h2>密码修改成功！</h2>");
}
?>
<Script Language="JavaScript">
setTimeout("window.close()",1600);
</Script>
</body>
</html>
```

12.4　实验项目设计总结与提高

　　通过对以上实验项目的练习，可以总结出以下内容：虽然实验中的程序功能不是很全，但也需编制大量的程序；其实认真分析后会发现，虽然程序代码较多，但其操作主要集中在对数据库查询、插入、删除以及修改等操作上，而这些操作的不同组合，就构成了很多典型的应用程序。通过本实验教程的练习，读者应当深入领会 PHP+MySQL 组合形式的数据库编程思路，掌握 PHP Web 项目常见的解决方案。此外，读者还要能举一反三，逐渐形成具有独立设计和开发 Web 应用项目的能力。

参 考 文 献

1. 郑阿奇. PHP 实用教程. 北京：电子工业出版社，2009
2. 赵增敏. PHP 动态网站开发. 北京：电子工业出版社，2009
3. Ellie Quigley. PHP 与 MySQL 案例剖析. 北京：人民邮电出版社，2007
4. 聂庆鹏. PHP+MySQL 动态网站开发与全程实例. 北京：清华大学出版社，2007
5. 宗杰. PHP 网络编程学习笔记. 北京：电子工业出版社，2008
6. 卫哲. PHP 5 与 MySQL 5 从入门到精通. 北京：电子工业出版社，2008
7. Elliott White. PHP 5 in Practice 中文版. 北京：人民邮电出版社，2007
8. 于天恩. PHP 精解案例教程. 北京：清华大学出版社，2007
9. 曾俊国. 网页设计实用教程. 北京：中国铁道出版社，2010